解密AI绘画与修图
Stable Diffusion+Photoshop

王 岩
王希竹 / 编著

清華大学出版社
北 京

内 容 简 介

本书全面介绍了Photoshop和Stable Diffusion的交互方式，以及各自的AI功能和具体使用方法。除了讲解功能，还通过实际案例加强AI在摄影、插画、电商等领域的运用。本书用浅显易懂的语言、详尽的图文步骤以及4K视频语音教学，全程还原了所有实例的操作过程，确保零基础的读者也能读得懂、学得会。

为了解决Stable Diffusion插件配置和模型下载困难的问题，本书还提供了ControlNet、Inpaint Anything、AnimateDiff等常用插件的全套模型和配置说明文档，帮助读者解决在使用Stable Diffusion过程中可能遇到的各种问题。

本书案例丰富，讲解细致，适合对AI绘图感兴趣的各类读者阅读。

图书在版编目（CIP）数据

解密AI绘画与修图：Stable Diffusion+Photoshop / 王岩，王希竹编著. --北京：清华大学出版社，2024. 6. -- ISBN 978-7-302-66431-4

Ⅰ. TP391.413

中国国家版本馆CIP数据核字第2024V89A68号

责任编辑：赵　军
封面设计：王　翔
责任校对：闫秀华
责任印制：沈　露
出版发行：清华大学出版社

网　　址：https://www.tup.com.cn，https://www.wqxuetang.com
地　　址：北京清华大学学研大厦A座　　**邮　　编**：100084
社 总 机：010-83470000　　**邮　　购**：010-62786544
投稿与读者服务：010-62776969，c-service@tup.tsinghua.edu.cn
质量反馈：010-62772015，zhiliang@tup.tsinghua.edu.cn

印 装 者：三河市龙大印装有限公司
经　　销：全国新华书店
开　　本：185mm×235mm　　**印　　张**：15.75　　**字　　数**：378千字
版　　次：2024年6月第1版　　**印　　次**：2024年6月第1次印刷
定　　价：89.00元

产品编号：106366-01

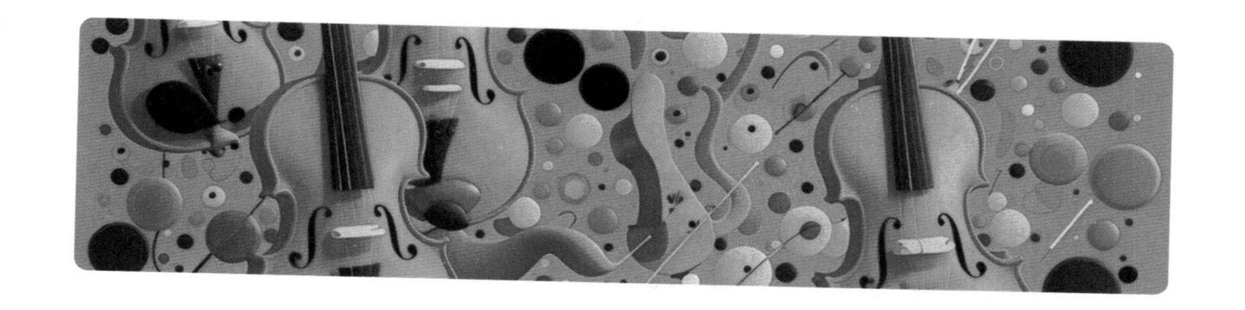

前/言

在不到两年的时间里，生成式AI（Artificial Intelligence，人工智能）绘画已经从一个实验性的概念迅速发展成为拥有数千万用户的实用工具。如今，生成式AI绘画已经在摄影、电商、自媒体、设计等领域得到广泛的运用。使用ChatGPT进行写作，利用Stable Diffusion画图已经成为许多人的常用做法。按照目前的应用情况，相信过不了多久，AI绘画工具将像Photoshop一样成为计算机的必备软件，每个计算机用户或多或少都会掌握其中的一些相关技能。

AI绘画的最大意义在于实现了艺术创作的普及化，使每个人都能拥有艺术创作的能力。及早从“车夫”转换成“司机”，才能跟上时代的发展步伐。绘图领域的AI工具层出不穷，其中，Photoshop和Stable Diffusion是大多数国内用户的首选。Photoshop的优势不言而喻，但使用创成式填充（Generative Fill）、生成式扩展（Generative Expand）等AI功能生成的内容完全随机，创作过程更像抽奖，而且国内用户还无法使用。Stable Diffusion具有强大的图像生成能力，不仅可以精确控制生成的内容，还能部署到自己的计算机中，免费且没有网络限制。将两者结合，甚至进一步利用插件把Stable Diffusion集成到Photoshop中，就能完全打通图像生成和后期处理的环节，大幅提升创作效率。

本书不仅详尽讲解了Stable Diffusion的各项功能，以及ControlNet、SadTalker、AnimateDiff等插件的具体使用方法，还介绍了如何在Photoshop中直接调用Stable Diffusion，以更快、更好地实现对象移除、创成式填充、外绘扩图、草图上色、艺术字体和海报创作等功能。另外，本书还通过实例完整复盘了影楼级AI摄影、小说推文封面设计、电商商品主图制作以及卡通和数字人形象打造的全过程。

本书配套资源文件中包含了丰富的素材，包括4K、60帧的全程语音视频教学文件，以及全书案例用到的所有图片素材。此外，还提供了ControlNet的所有预处理器模型和控制模型，以及AnimateDiff、Stable SR等插件所需的各种模型，以帮助读者解决在使用Stable Diffusion过程中可能遇到的各种问题。

读者可通过扫描下方的二维码来下载配套资源文件。如果下载或阅读过程中遇到问题，可发送邮件至booksaga@126.com，邮件主题为“解密AI绘画与修图：Stable Diffusion+Photoshop”。

由于笔者水平有限，书中难免存在疏漏和不足之处，恳请广大读者批评指正。

笔 者

2024年3月

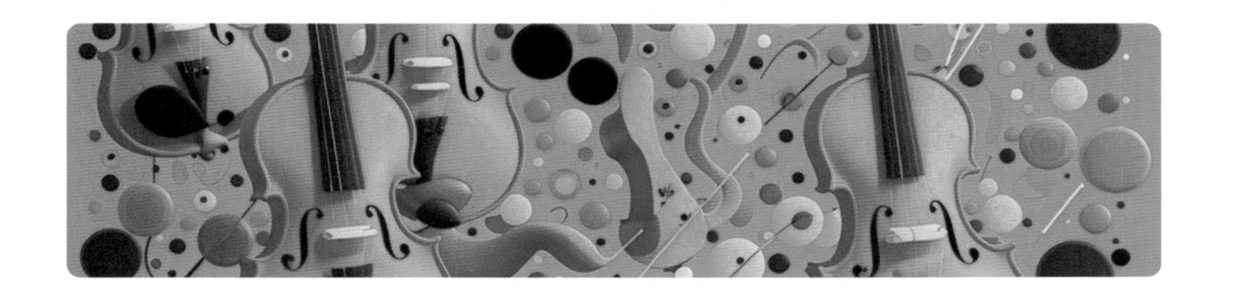

目 /录

解密AI绘画与修图

Stable Diffusion+Photoshop

第1章

常用AI图像生成工具简介

AIGC（Artificial Intelligence Generated Content，人工智能生成内容）的概念虽然由来已久，但以ChatGPT为代表的实用性产品落地却是近年来的事情。特别是在AI图片生成领域，短短两年内涌现了大量模型和工具，并且以令人瞠目结舌的速度不断迭代演化。本章主要介绍目前主流的图片生成工具，读者可根据自身需求选择合适的工具。

1.1 Midjourney

2022年8月，在美国科罗拉多州举办的艺术博览会上，一幅名为“太空歌剧院”的作品荣获了数字艺术类别的冠军，如图1-1所示。这一新闻迅速在网络上引起热议，同时也让人们记住了生成这幅作品的工具——Midjourney。

图1-1

Midjourney是目前公认的质量和创意风格最好的AI图片生成工具之一，目前已经更新到V6版本。Midjourney搭载在社交软件Discord的频道上，两者之间的关系类似于微信和小程序。Midjourney的优势主要体现在两个方面：首先，该工具由云端服务器提供算力，用户无须配置高性能计算机，只需打开Discord的网页或客户端即可使用。

其次，AI生成图片需要经历一系列的转化过程，用户首先在脑海中想象一个画面，然后用文字把画面描述出来。接下来，AI需要理解文本描述的内容，最后生成符合描述的图片。在这个过程中，每个步骤都会产生一定的信息损失和偏差。另外，由于AI每次生成的图片都具有很强的随机性，无论使用哪种图片生成工具，用户要想得到特别理想的生成结果，都需要反复生成大量图片，然后从中挑选最符合预期的效果，这就涉及出图效率的问题。相对而言，Midjourney生成图片的下限比较高。用户无须花费很长时间学习，只需使用近乎口语化的提示词和比较少的生成次数，就能得到风格多样且艺术性很强的图片。Midjourney官网画廊如图1-2所示。

图1-2

在国内，Midjourney的名气很大，但实际使用过的人却很少，这主要是因为国内个人用户无法直接登录Discord，需要购买Midjourney会员才能使用。总体来说，Midjourney更适合生成图像素材和创意参考类图片。对于注重审美和生成效率的用户，可以利用Midjourney快速搭建创意设计流程。

1.2 DALL-E 3

早在2021年，OpenAI公司推出了DALL-E模型。当时的模型还处于研究阶段，对图片的细节处理不够完善，经常出现逻辑和事实错误。如今，最新版的DALL-E 3在语义理解、图片质量、长文本输入等方面都取得了质的飞跃，已经发展成和Midjourney、Stable Diffusion旗鼓相当的图片生成工具。

DALL-E 3作为多模态的一环已集成在ChatGPT中，目前只对ChatGPT Plus用户和企业用户开放使用功能，即只有付费的ChatGPT用户可以使用DALL-E 3。另外，有条件的用户也可以在微软的Copilot（即New Bing）的CHAT中免费体验DALL-E 3。总体来说，DALL-E 3和Midjourney的功能类似，它们就像手机里的APP那样，学习门槛很低，打开即用，同时还能得到效果不错的生成结果。对比DALL-E 3和Midjourney的生成结果，可以发现Midjourney的光效和画面质感更好，DALL-E 3对长文本提示词的理解更准确，同时支持自定义文本生成。DALL-E 3官网示例图如图1-3所示。

图1-3

对于同时有文案处理和图片生成需求的用户来说，DALL-E 3是理想的工具形态。而对于从事自媒体或设计类行业，每天需要生成大量素材和商业落地图片的用户来说，Stable Diffusion则是更佳的选择。

1.3 Stable Diffusion

Stable Diffusion是一款免费、开源的图片生成工具。虽然它的诞生比Midjourney和DALL-E晚，但由于拥有发展良好的开源社区，Stable Diffusion受到的关注度和用户广度都远超两位“前辈”。

Stable Diffusion最大的特点是可以本地部署，只需一台计算机和一块8GB及以上显存的独立显卡，就可以无限制地生成可商用的图片。此外，开源社区中的大量用户为Stable Diffusion开发了数以百计的插件和数十万个模型，这些插件和模型极大地扩展了Stable Diffusion的图片生成能力。

在生成效果方面，最近发布的SDXL模型具备了直接生成高清图片的能力，图片中人物手部和文字生成方面的问题也得到了很大改善。而已经开启申请测试的Stable Diffusion 3（见图1-4）则更上一层楼，除了持续提高生成质量和对提示词的理解能力外，还支持新的文字生成功能以及通过提示词修改画面内容的功能。

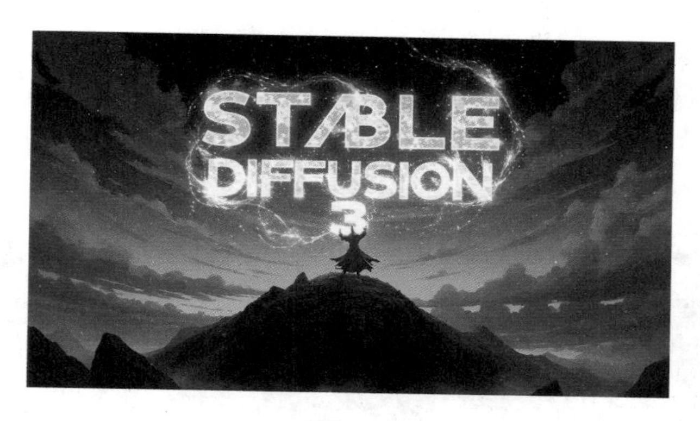

图1-4

与Midjourney、DALL-E 3相比，Stable Diffusion的学习成本比较高。这是因为Stable Diffusion生成的图片风格主要取决于用户下载的模型，而模型的种类和版本繁多且不能混用，所以用户需要对此有一定的理解。此外，生成结果的构图、光照、色彩等方面都可以控制，需要熟悉并准确运用的参数也非常多，即便使用相同的提示词和模型也可能出现天差地别的效果图。这些因素使得人们觉得Stable Diffusion生成的图片质量上限非常高、下限非常低。

需要说明的是，目前使用的Stable Diffusion界面都是由开源社区中的开发者自行制作的，其中WebUI和ComfyUI的用户数量最多。这两个界面都运行在浏览器页面中，WebUI采用了传统软件的设计思路和布局方式，界面由读者熟悉的选项卡、对话框、单选按钮和复选框等控件组成，如图1-5所示。

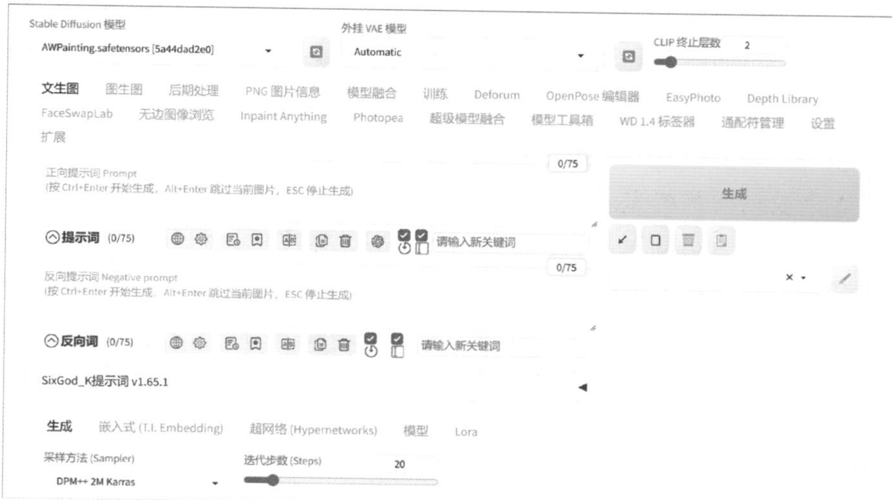

图1-5

ComfyUI采用了节点式的用户界面，通过不同节点的搭配组合可以生成适用于各种需求的工作流程，如图1-6所示。这两种界面并不是互斥的关系，许多用户通常会从更易于理解的WebUI开始学习Stable Diffusion的基本参数，在需要进行复杂工作流程时再使用ComfyUI。

图1-6

1.4 文心一格

随着AI概念的异军突起，国内也掀起了火热的百模大战。在百花齐放的各种AIGC工具中，百度的“文心一格”是一款发布时间较早、完善程度也较高的产品。文心一格能够生成多种风格的图片，同时提供了商品换背景、艺术字设计和画面扩展填充等功能。生成的图片质量中规中矩，其最大优点是可以使用中文提示词，如图1-7所示。

文心一格采用的是会员和签到领取“电量”的模式，用户可以在网页端和微信小程序中使用它，适合图片生成频率不高的轻度用户。另外，目前在手机上使用文心一言可以免费生成图片，如图1-8所示。百度自己解释道：文心一言的画图功能更偏向实用性和便捷性，而文心一格更专注于艺术性和创意性。

图1-7

图1-8

1.5　在线版图片生成网站

目前国内有许多调用Midjourney的API接口和部署了Stable Diffusion云端的在线图片生成网站。在这些网站中，调用Midjourney API接口的网站大多采用会员制收费，无论是界面、图片生成指令还是生成结果，它们与Midjourney本身相差不大，如图1-9所示。

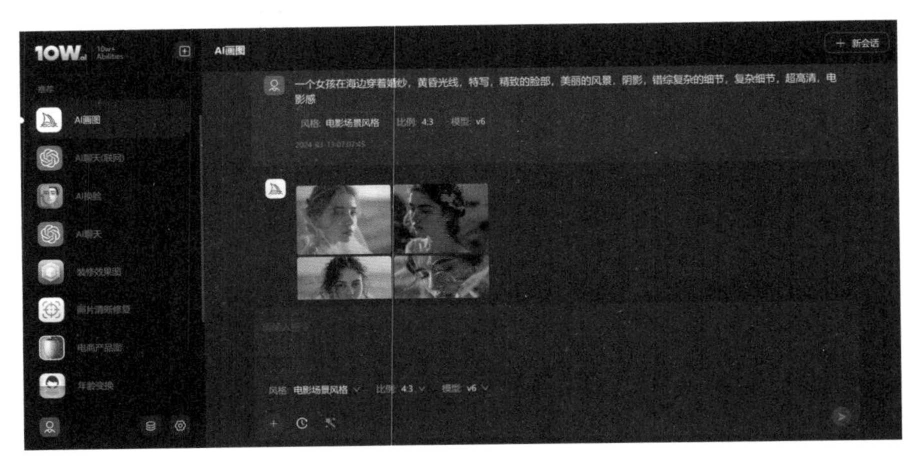

图1-9

当然，这些网站需要把用户的图片生成请求上传到Midjourney，Midjourney生成图片后再传送回来，因此生成图片的速度普遍比较慢，同时模型和指令的更新也会滞后于Midjourney官方网站。

Stable Diffusion则是开源且免费的，而且其云端部署非常简单。对于显卡性能不足的用户，可以通过登录提供在线生图服务的网站来体验新版模型带来的画质提升，如图1-10所示。

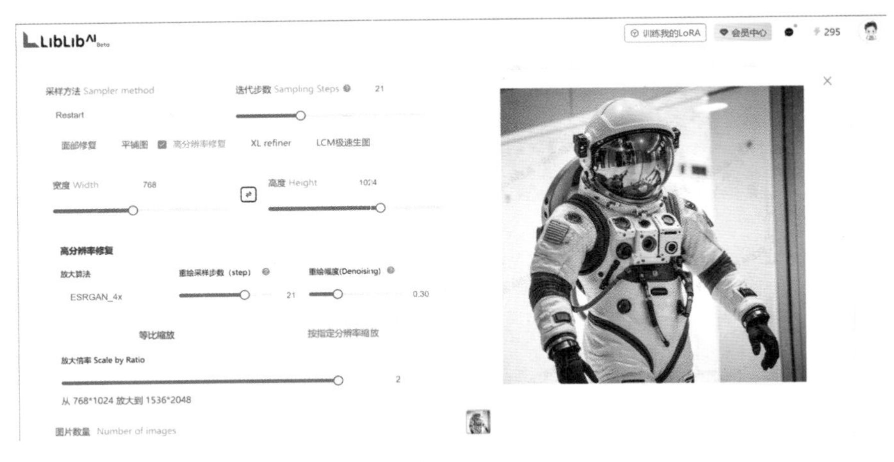

图1-10

解密AI绘画与修图

Stable Diffusion+Photoshop

第2章

Stable Diffusion的基本运用

Stable Diffusion的开源发布实现了AI图片生成技术的平民化，让每个人都拥有了艺术创作的能力。在本章中，我们首先探讨Stable Diffusion的工作原理，以及AI绘图中的一些基本概念和常用术语，然后学习使用提示词生成图片和提高图片画质的方法。

2.1 启动器和硬件要求

人们通常把Stable Diffusion称作模型或算法，而不是软件，这是因为到目前为止，官方开源发布的内容仅包含程序代码。直到开源社区中一位ID为“Automatic1111”的用户将这些程序代码打包成可操作的界面后，其他用户才能通过命令和选项的方式指挥Stable Diffusion生成图片。由于这个操作界面是在浏览器中运行的，因此被称为WebUI。

使用该界面时，用户还需要在计算机上安装配置Git、Python等环境，而配置系统环境的过程复杂烦琐，没有一定的计算机使用基础很难成功。为了解决这个问题，bilibili网站上一位名为“秋葉aaaki”的用户把WebUI界面、配置环境以及各种插件打包成启动器。其他用户下载好这个启动器之后，先执行“启动器运行依赖-dotnet-6.0.11.exe”文件，然后解压缩“sd-webui-aki.7z”里的所有文件。

在解压完成后的文件夹中运行“A绘世启动器.exe”，单击启动器右下角的“一键启动”按钮（见图2-1），即可进入进程窗口，等待所有进程加载完成后，系统就会自动打开浏览器和WebUI。

图2-1

如果WebUI或进程窗口中出现错误提示，可以单击启动器左侧的“疑难解答”，然后单击右上角的“开始扫描”来查找原因。如果问题与环境配置有关，可以单击启动器左侧的“高级选项”，再单击“环境维护”，安装相应的组件，如图2-2所示。

提示 Point out

使用WebUI的过程中不能关闭启动器，单击启动器左侧的“灯泡”可以切换启动器和WebUI的配色方案。

图2-2

Stable Diffusion对显卡有一定的要求，显卡的GPU算力决定了图片的生成速度，显存的大小则决定了能生成多高分辨率的图片以及模型的训练规格。通常情况下，GTX 1660 6GB级别的显卡就能用于生成图片，RTX 3060 12GB级别的显卡能在6秒左右生成512×512像素的图片，而生成1920×1080像素的图片则需要大约一分钟的时间和占用10GB左右的显存。

要获取计算机的性能评分，只需选择“系统信息”选项卡，然后单击“运行基准测试”按钮即可，如图2-3所示。如果需要查看其他硬件平台的性能得分，可单击页面右下角的“链接到在线结果”。

如果用户的计算机系统中显存容量比较小，可单击启动器左侧的“高级选项”，根据显存容量选择优化方案，如图2-4所示。对于拥有大显存容量的用户，则可以选择关闭“使用共享显存”选项，以避免性能降级。

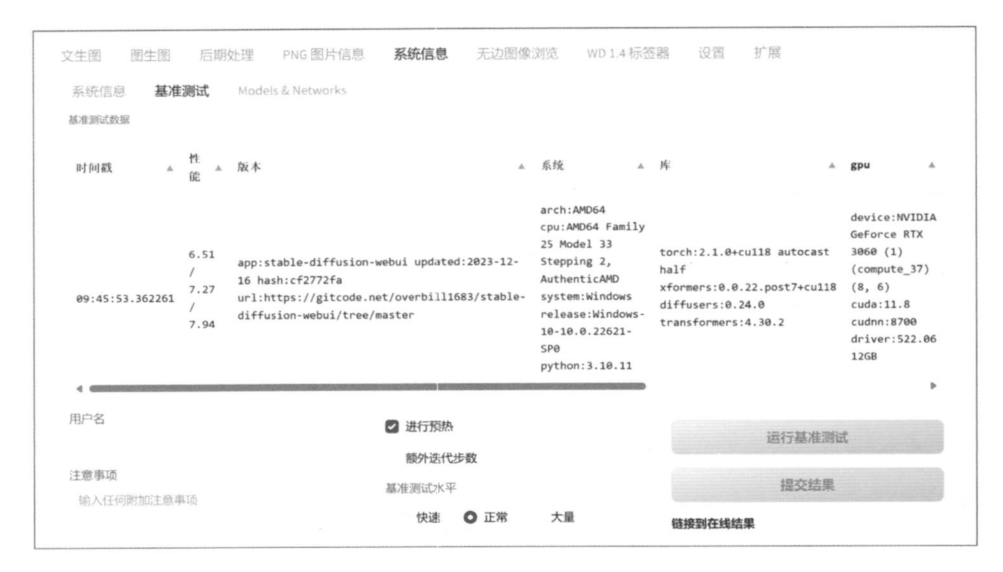

图2-3

提示 Point out 硬盘也是影响Stable Diffusion整体性能的重要因素。不断增加的插件和模型文件需要占用大量磁盘空间，有条件的话，最好一开始就把启动器解压到空间最充裕的固态硬盘上。

图2-4

2.2 编写正反提示词

提示词的作用是提示Stable Diffusion你想要创作的内容，即要画什么。大多数AI绘图工具使用英文提示词，其中还包含各种符号和数字。对于初学者来说，这些提示词就像魔法师的咒语一样难以理解。本节的目标是教读者理解提示词的原理和书写格式，以便编写能够让AI理解意图的提示词，从而获得符合预期的绘画作品。

Stable Diffusion主要由3个组件构成：CLIP text encoder（前贴文本编码器）、auto encoder（自编码器）以及由UNet和Scheduler组成的扩散模型。CLIP text encoder组件的作用是从网络上收集大量图片和语义标签文本，以建立文字和图片之间的对应关系。接下来，auto encoder组件中的编码器会在每幅图片上添加噪点，并将其压缩到原像素维度的1/48的潜空间中。此时，图片变成了只有AI才能识别的向量特征，如图2-5所示。

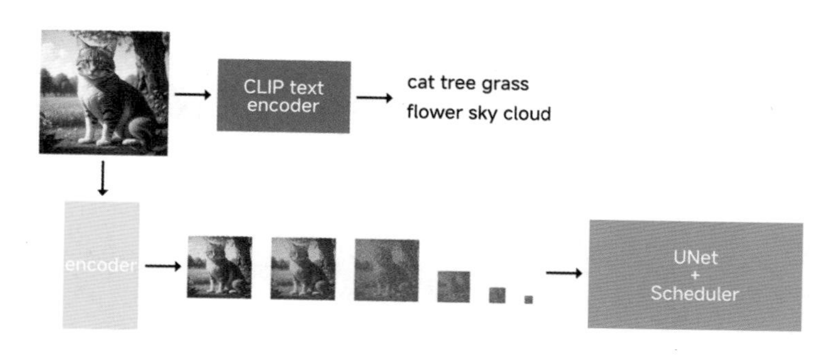

图2-5

用户输入提示词后，CLIP text encoder就能找到对应的文本向量，同时随机生成一张噪点图。接下来，程序将文本向量和噪点图发送到UNet和Scheduler组成的扩散模型中，逐步去除无用的噪点。最后，使用auto encoder组件中的解码器把潜空间中的向量特征升维放大，直至生成清晰的图片，如图2-6所示。

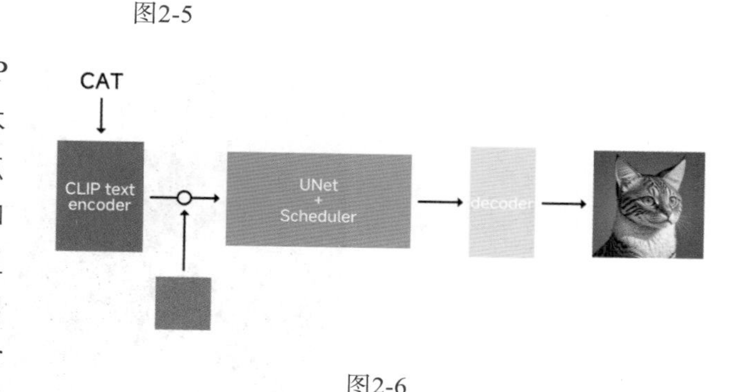

图2-6

通过Stable Diffusion生成图片的原理，我们可以从两个层面理解提示词。首先提示词搜索的是图片特征而不是结果。例如，输入“4K”“absurdres”这样的提示词，Stable Diffusion不会直接生成高分辨率的图片，而是模仿高分辨率图片的特征。其次，提示词的书写方式越接近训练模型时使用的语义描述标签，提取到的图片特征就越准确。

提示词既可以使用单词，也可以使用词组和句子。单词、词组和句子之间应该用英文的半角逗号分隔。例如，要画一只草地上的猫，可以输入“1cat,grass”或“a cat on the grass”，AI都能理解用户想要的画面内容，如图2-7所示。

提示 Point out

大部分用户习惯将单词和词组作为书写单位，这种方式不仅有利于文本编码器的处理，而且在修改时也更加方便。在Stable Diffusion中，每个单词和标点符号都是一个token，在提示词输入框的右上角能看到当前输入了多少token。在早期版本的Stable Diffusion中，提示词的长度限制为75个token，尽管现在已经没有字数限制了，但超过这个数量的提示词不会对生成的画面产生太大影响。

5/75
1cat,grass,
提示词 (5/75) 请输入新关键词
0/75
反向提示词 Negative prompt
(按 Ctrl+Enter 开始生成，Alt+Enter 跳过当前图片，ESC 停止生成)
反向词 (0/75) 请输入新关键词

图2-7

多次生成图片后会发现，每次画面中都会包含猫和草地，但猫的姿态、动作、拍摄角度以及环境光照等都是随机生成的。下面我们提高要求，让猫坐在草地上，并且草地上还要有花。于是，在提示词中继续输入“flower,sitting”。如果不知道英文怎么写，可以在图2-8所示的文本框中输入中文，然后按回车键。

图2-8

接下来，单击按钮显示提示词分组标签，在“镜头”分组中选择画面构图和镜头角度，如图2-9所示。这样就能大致固定画面中的主要元素。

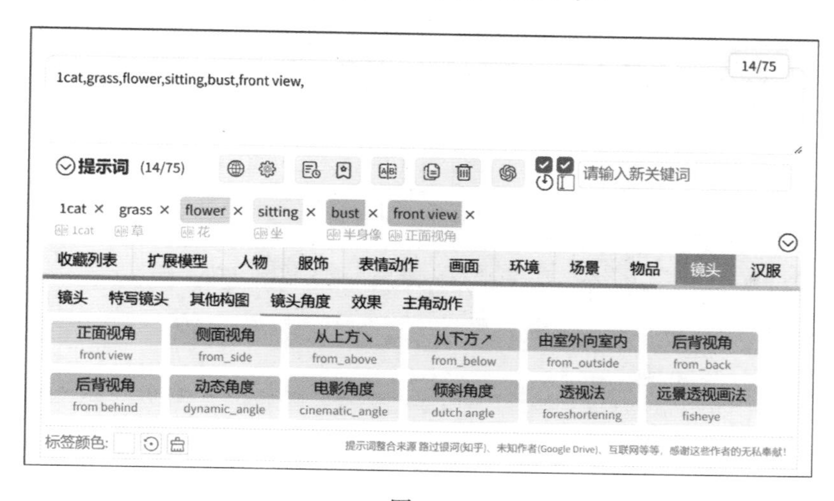

图2-9

训练模型时需要使用海量图片素材，这些素材中既包括真实照片，也包括手绘图画、壁纸和CG图像。继续添加“best quality,masterpiece,realistic”这样的画质提示词，能够让AI调用符合条件的向量特征来引导绘制过程中的扩散操作，从而生成质量更高的图片，如图2-10所示。

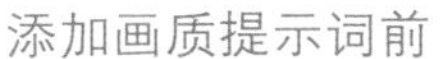

添加画质提示词前　　添加画质提示词后

图2-10

为了精确控制画面中的各种元素，通常会按照先主体后细节的顺序，使用“质量画风+主体描述+环境构图”的三段式结构来书写提示词。具体来说，第一段告诉AI自己想要的画面质量和风格；第二段描述主体对象的性别、年龄、服饰装束和动作表情；第三段给出主体所处的环境，以及构图方式和拍摄角度，如图2-11所示。按照这种结构划分段落，不但书写起来更有条理，而且在修改时也能够快速定位。

提示词可以换行，但是每行的行末都要加上逗号作为分隔符。

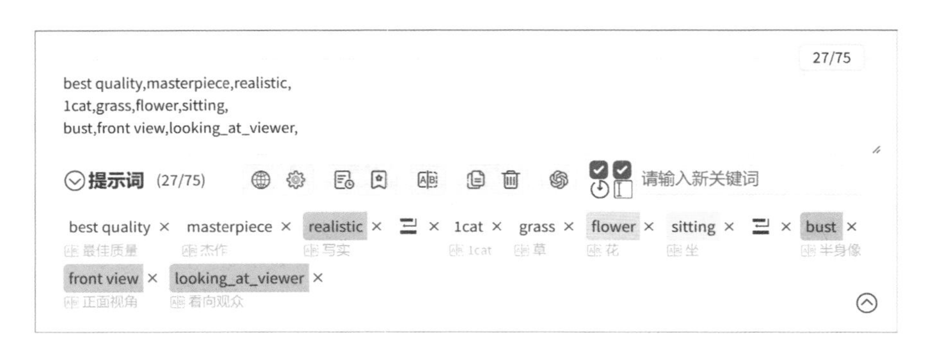

图2-11

以上介绍的都是正向提示词的写法，所谓的正向提示词是指希望在画面中出现的内容，而反向提示词则是指不希望在画面中出现的内容。例如，不希望草地上有花，就可以在反向提示词中输入“flower”；如果不希望在画人物时出现太暴露的服饰，就可以在反向提示词中输入“NSFW”。

和正向提示词一样，我们可以在反向词中展开提示词分组标签，选择需要的词组，如图2-12所示。当然，反向提示词不能解决画面中的所有问题，只能在一定程度上降低问题发生的概率。

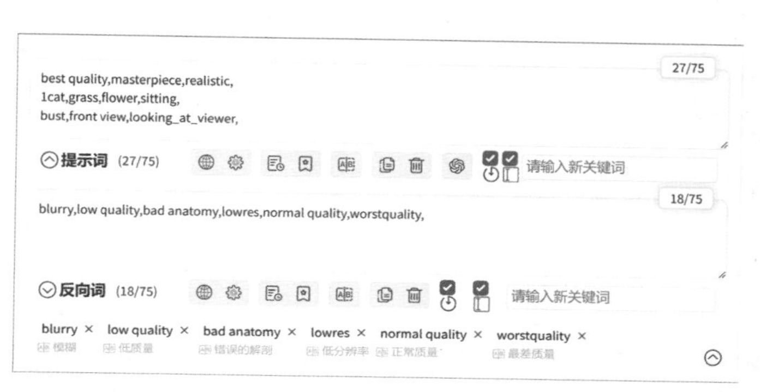

图2-12

反向提示词和质量提示词都有相对固定的写法，在实际运用中，我们会先套用一组事先编辑好的通用提示词，然后根据实际情况添加或删减词组。在“生成”按钮下方有几个快捷按钮和一个下拉菜单。下拉菜单中提供了各种画质提示词和反向提示词的预设样式，选择一个预设样式后单击上方的按钮就能一键导入，如图2-13所示。

图2-13

单击按钮可以清空所有正向和反向提示词，单击↙按钮可以导入上次生成图片时使用的提示词。单击□按钮，在打开的窗口中输入提示词后单击Submit（提交）按钮，可以清空原有的提示词，然后输入窗口里的提示词。不输入任何内容时单击Submit按钮，则会输入上次生成图片使用的提示词。

单击按钮，在打开的窗口中可以新建或编辑已有的预设样式，如图2-14所示。

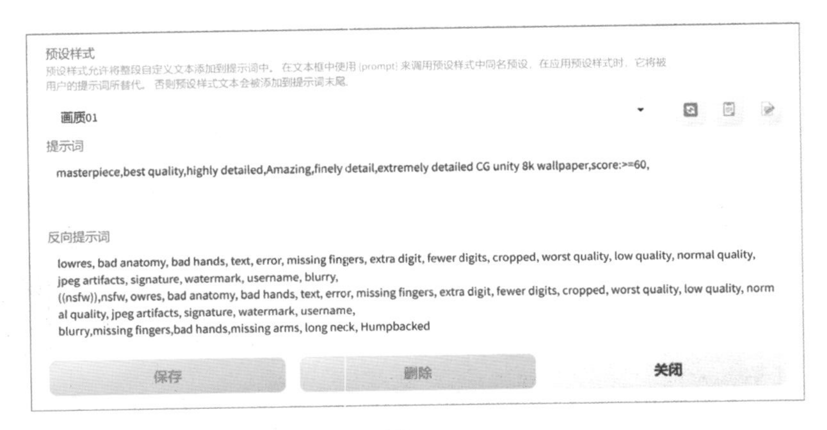

图2-14

2.3 提示词进阶用法

Stable Diffusion中的提示词具有权重概念，提示词中的每个词组的默认权重值为1，且越靠前的提示词权重值越高。因此，通常我们会在首行填写对画面整体影响较大的与画质和画风相关的提示词。除了书写顺序以外，还可以利用符号和数字控制词组的权重。

给提示词中的某个词组添加圆括号，这个词组的权重值就会增加到1.1。花括号能把词组的权重值增加到1.05，而方括号则是把权重值降低到0.9。这三种括号都可以叠加，每叠加一层表示把权重值相乘一次，最多可以叠加3层。

例如，要画一碗拉面，首先从"生成"按钮下方的预设样式中载入"基础起手式"，然后输入提示词"ramen,vegetable,egg"。把"总批次数"设置为4后生成图片，结果会显示每碗拉面中都会出现很多鸡蛋，如图2-15所示。

图2-15

我们给“vegetable”添加圆括号，给“egg”添加两层方括号，就能增加蔬菜的数量，同时减少鸡蛋的数量，如图2-16所示。

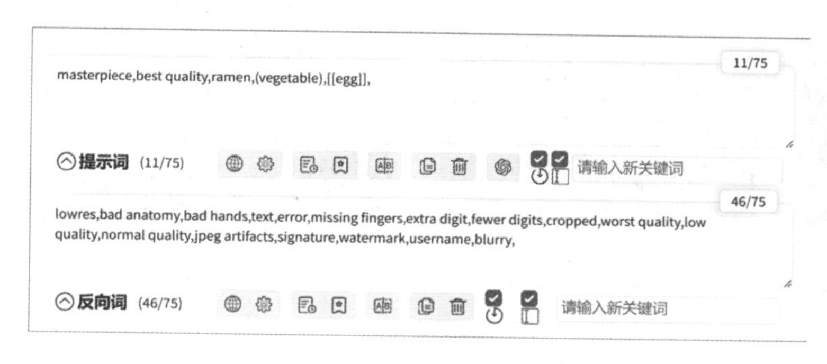

图2-16

在实际运用中，我们很少使用方括号和花括号，因为“(A:权重值)”的写法更直观易懂。继续以画拉面为例，在提示词输入框里选中“vegetable”，每按一次Ctrl+↑快捷键，就能把权重值增加0.1；选中“egg”后按Ctrl+↓快捷键，可以降低权重值，如图2-17所示。

提示 Point out

如果提示词输入框右上角的计数栏变成红色，说明输入的提示词里可能存在写法错误，其中最常见的情况是括号不完整。

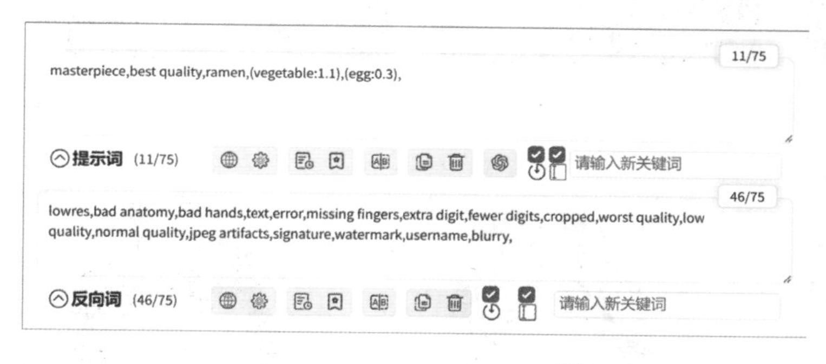

图2-17

权重值主要影响某个元素的数量或程度，使用“[A:B:迭代步数比例]”的写法则会改变元素的生成顺序，进而影响元素在画面中的占比。例如，输入提示词“mountain,lake”后生成图片，山脉和湖水会占据大致相同的画面比例。

若将提示词修改为[mountain:lake:0.1]，表示前10%的迭代步数画山脉，后90%的迭代步数画湖水，这样山脉的占比减少，画面变成以湖水为主，如图2-18所示。

mountain,lake

[mountain:lake:0.1]

[mountain:lake:0.7]

图2-18

这种写法还有多种变化形式，例如把小数替换成大于1的整数，如[mountain:lake:2]，表示前两步画山脉，剩余的步数画湖水。另一种形式是写成"mountain,[lake:0.2]"，表示20%的迭代步数结束后才开始画湖水，如图2-19所示。

mountain,[lake:0.2]

mountain,[lake:0.4]

mountain,[lake:0.6]

图2-19

[A|B]写法可以让两个元素交替演算。例如，输入提示词"1girl,black and red hair"，可以直接生成黑红色混合的头发。但如果把提示词修改成"1girl,[black|red]hair"，绘制头发时就会先画一步黑色，再画一步红色，一直交替计算到采样过程结束。这样生成的头发颜色看起来更自然一些，如图2-20所示。

1girl,black and red hair

1girl,[black|red]hair

图2-20

在两个词组之间输入全部大写的“AND”，可以在相同权重下“融合”两个词组。例如，在提示词中输入“a cat AND rabbit”，就能把猫和兔子的特征融合到一起，如图2-21所示。

a cat

a rabbit

a cat AND rabbit

图2-21

AND写法也可以设置权重值。假设我们想让生成结果更偏向猫一些，可以按照“a cat:1.1 AND rabbit:0.8”的格式修改提示词，其中数值表示权重值，如图2-22所示。

a cat:1.1 AND rabbit:0.8

a cat:0.8 AND rabbit:1.1

图2-22

描述很多种颜色时，多个同类提示词之间可能会出现相互污染的问题。为了更好地观察提示词的效果，我们在页面最上方把大模型切换成“卡哇伊3D大头”，将“高度”参数设置为768，并载入“基础起手式”预设，然后输入提示词“1boy,blue jeans,orange down jackets,white shoes,white shirt,grey_background”，如图2-23所示。

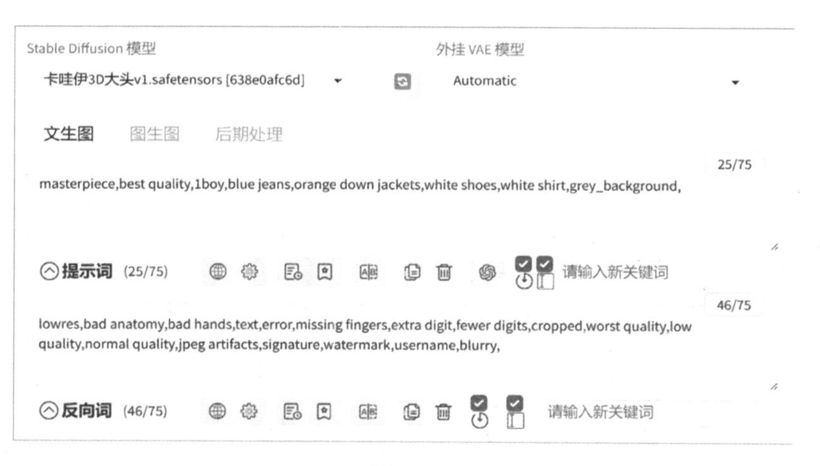

图2-23

提高“总批次数”参数后生成图片，结果如图2-24所示。可以看到，大多数生成结果中的颜色都不符合提示词的描述。

图2-24

现在我们用全部大写的“BREAK”来打断组词，把提示词改写成“1boy,blue jeans BREAK orange down jackets BREAK white shoes BREAK white shirt,grey_background”，这样就能在一定程度上降低颜色污染发生的概率，如图2-25所示。

图2-25

2.4 文生图参数详解

用于控制生成图片尺寸和质量的设置参数位于提示词输入框下方，其中的“迭代步数”和“采样方法”主要影响画面的清晰度和细节质量，如图2-26所示。

生成　嵌入式 (T.I. Embedding)　超网络 (Hypernetworks)　模型　Lora
迭代步数 (Steps)　20
采样方法 (Sampler)
DPM++ 2M Karras　DPM++ SDE Karras　DPM++ 2M SDE Exponential
DPM++ 2M SDE Karras　Euler a　Euler　LMS　Heun　DPM2
DPM2 a　DPM++ 2S a　DPM++ 2M　DPM++ SDE　DPM++ 2M SDE
DPM++ 2M SDE Heun　DPM++ 2M SDE Heun Karras　DPM++ 2M SDE Heun Exponential
DPM++ 3M SDE　DPM++ 3M SDE Karras　DPM++ 3M SDE Exponential　DPM fast
DPM adaptive　LMS Karras　DPM2 Karras　DPM2 a Karras
DPM++ 2S a Karras　Restart　DDIM　PLMS　UniPC　LCM

图2-26

为了节省页面空间，我们可以单击页面上方的“设置”选项卡，然后在搜索栏中输入“采样”，再勾选“采样方法列表处使用下拉菜单取代单选框”复选框，最后单击上方的“保存设置”和“重载UI”按钮，如图2-27所示。

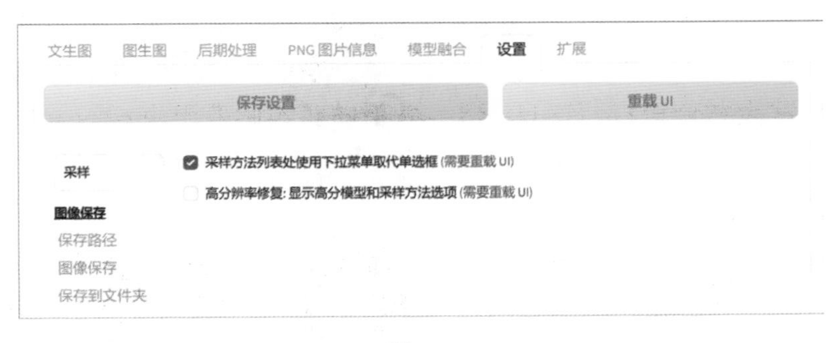

图2-27

在前面的内容中提到过，Stable Diffusion在生成图片的过程中需要不断去除噪点，每去除一次噪点，图片就会清晰一些。这个逐步去除噪点的过程就是采样，迭代步数也就是采样次数。

在前20步的每次采样中，图片都会发生很大变化，达到默认的20步后就能得到足够清晰的图片。进一步增加步数可以产生更多细节，这些细节有时可以修正画面中的模糊和错误，但过于丰富的细节有时又会带来新的问题。通常情况下，建议将该参数设置为20~40，如图2-28所示。

图2-28

采样算法也就是去除噪点的算法。DPM++2M Karras和UniPC算法可以快速生成质量不错的图片，而DPM++SDE Karras、DDIM、PLMS算法则可以生成高质量的图片，Euler和Heun算法适合生成卡通风格的图片，如图2-29所示。名字里带“a”或“SDE”的属于祖先算法，这类算法每次采样都会向图片添加噪点，因此具有更大的随机性。名字里带加号的采样器表示这是经过改进的算法，出图效果更稳定一些。

提示
Point out

我们不必纠结于每种采样算法的优劣，因为采样算法通常都是根据大模型选择的，每个大模型都有自己推荐的采样算法，相关内容后面会详细介绍。

图2-29

“宽度”和“高度”参数用来设置生成图片的尺寸，尺寸越大生成的图片越精细，但同时也会占用更多显存。单击参数右侧的“Off”按钮，在弹出的菜单中可以切换或锁定画面的宽高比，如图2-30所示。单击⇅按钮可以交换“宽度”和“高度”参数的数值。

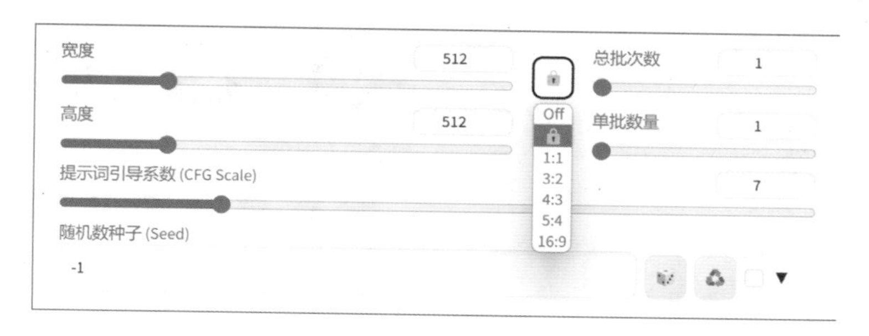

图2-30

“CFG比例”参数用来控制提示词对生成图片的影响程度。数值越大，生成结果与提示的相关性越高，但是会产生失真；数值太小，生成的内容有可能偏离提示词，如图2-31所示。

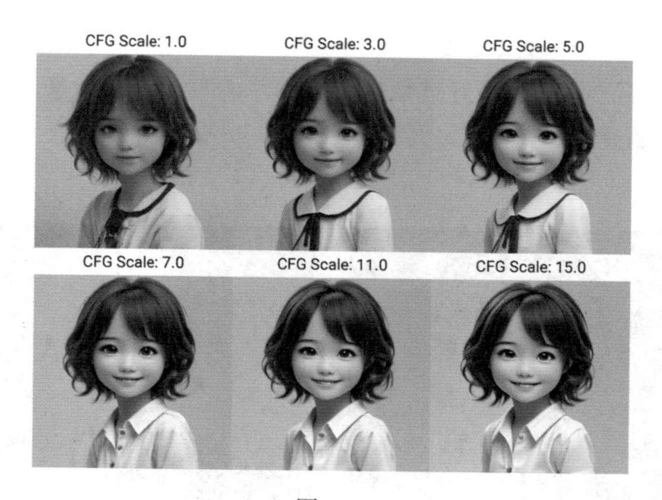

图2-31

利用“单批数量”参数可以设置一次生成多少张图片，例如把数值修改为4，就能同时生成4张图片。但该参数对显存的要求较高，没有足够大的显存不建议修改此参数。当需要生成多张图片时，可以提高“总批次数”参数，逐张生成图片。全部图片生成完毕后会以拼图的方式显示在图片预览窗口中，单击预览窗口下方的缩略图可以查看单张图片，如图2-32所示。

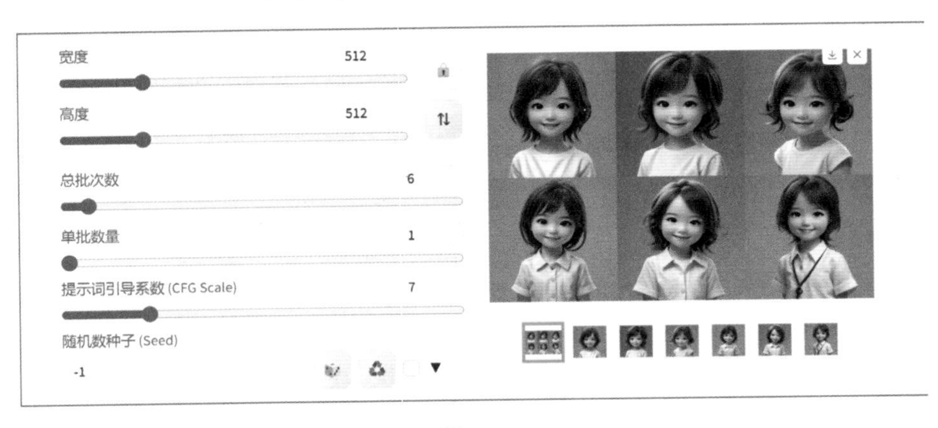

图2-32

Stable Diffusion生成图片时需要调用一张噪点图，这张噪点图就是种子。“种子”参数的默认值为–1，意味着每次都会随机抽取噪点图。这种随机抽取的方式带来了更多可能性，同时也会产生一些困扰。例如，当我们需要了解某个参数的作用时，如果每次生成的图片都不一样，就无法对比参数调整前后的变化。再例如，如果不知道种子值，那么即使提示词、参数和大模型都一样，也无法复现完全相同的图片。

生成一张图片后，单击♻按钮就能把这张图片的种子固定下来。修改提示词后重新生成图片，仍然会保留原图中的部分特征，如图2-33所示。单击🎲按钮又能回到随机生成种子的状态。

图2-33

单击▼按钮可以展开更多与种子有关的参数，如图2-34所示。这些参数能在当前的种子上混合其他种子的噪点图，让生成结果产生更多变化。

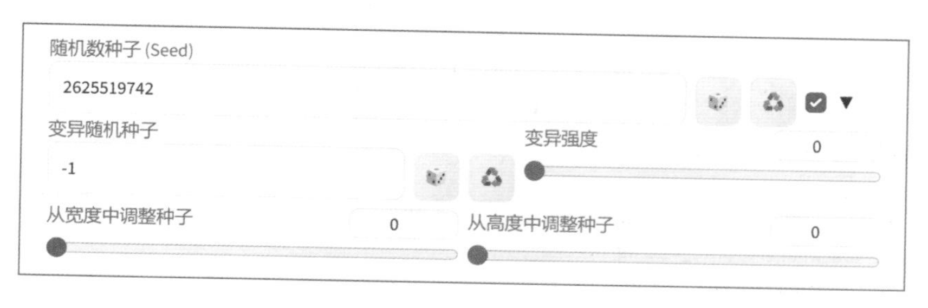

图2-34

“从宽度中调整种子”和“从高度中调整种子”参数用来设置混合种子的尺寸，一般设置成和生成图片相同的尺寸。“变异强度”参数决定了混合种子的强度，数值越大变化越多，如图2-35所示。

变异强度=0.2　　变异强度=0.4　　变异强度=0.6

图2-35

生成的所有图片都被保存到计算机中，单击图片预览窗口下方的📁按钮就能打开保存路径。随着时间的积累，计算机里会存储大量图片，数量太多时就需要进行清理。当得到一张效果非常好的图片后，我们可以单击💾按钮将其保存到另一个路径中，这样既能避免误删，又能方便下次查找。单击预览图可以全屏显示，在预览图上右击，执行“将图像另存为”命令，也能把图片保存到自定义的路径中。

图像窗口下方显示了生成图片的所有参数和生成图片花费的时间，如图2-36所示。这些信息同样被保存在图片的元数据中。

提示 Point out

如果生成参数信息中出现“out of memory error”，说明显存不足无法生成图片，就需要缩小图片尺寸。

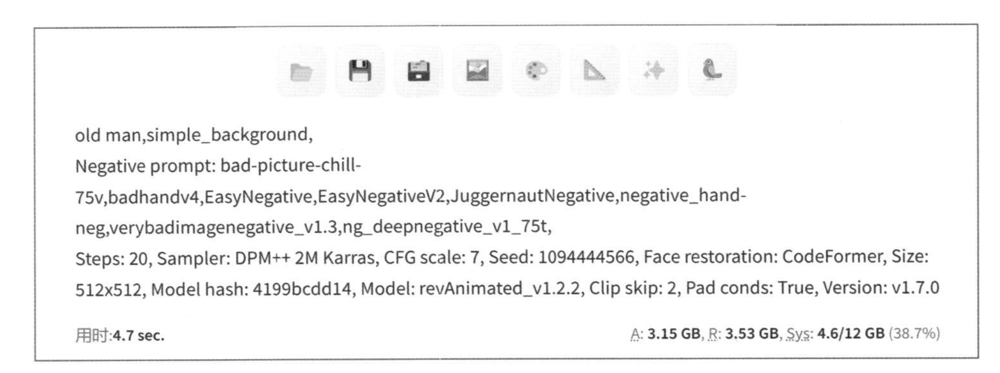

图2-36

单击WebUI上方的“PNG图片信息”选项卡，单击空白图像窗口后选择一张以前生成的图片，右侧就会显示生成信息。继续单击“发送到文生图”按钮，就能自动输入生成这张图片的提示词和所有的参数设置，如图2-37所示。

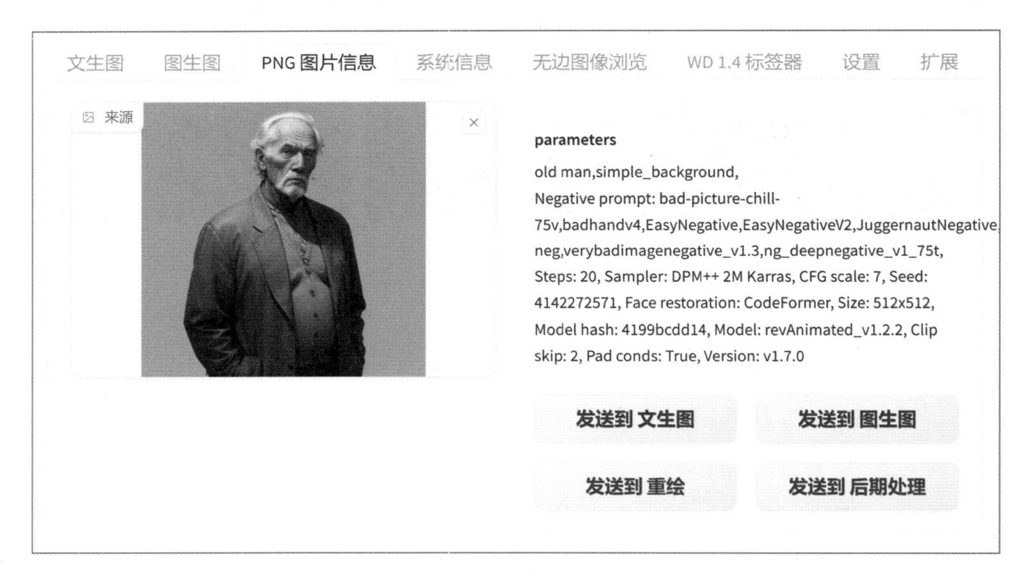

图2-37

我们还可以单击“无边图像浏览”选项卡，然后单击“文生图”查看所有生成过的图片。这个插件不但能查看图片，还能像资源管理器那样搜索和管理图片。单击右上方的“图像/搜索图像”，按照模型、尺寸等分类选择一种搜索条件后单击“搜索”按钮，就能只显示符合条件的图像，如图2-38所示。

图2-38

在图像查看窗口中把光标移到图片右上角的···按钮上，在弹出的菜单中可以选择删除、另存或者把生成参数发送到文生图中，如图2-39所示。

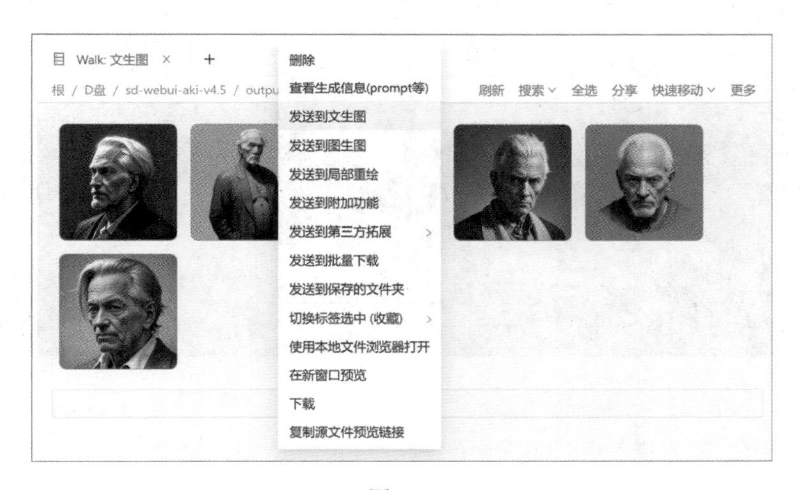

图2-39

2.5 安装和管理模型

让AI程序通过深度学习算法提取大量图片的特征，然后给每张图片打上标签，让

AI知道图片里画的是什么，这个过程就是训练模型。最后，训练程序把所有图片的特征代码整合到一个文件包里，这个文件包就是模型。如果全部用真实照片训练模型，那么无论用这个模型画什么，都只能生成真实风格的图片。使用不同风格图片训练出来的模型，就能生成不同风格的作品。

提示词的作用是告诉AI画什么，而最终生成什么风格和质量的图片主要由模型决定。Stable Diffusion中的模型大致分为五种，第一种被称作大模型，这种模型使用ckpt或safetensors作为文件名的后缀，文件的大小为2GB~7GB。之所以叫大模型，是因为这种模型使用了海量图片和算力资源进行训练和测试，像百科全书一样集合了AI绘图所需的所有信息，如图2-40所示。

图2-40

大模型又分为官方模型和Checkpoint模型。官方模型包括SD1.1~1.5、SD2和最新的SDXL模型。平常我们很少使用官方模型，因为官方模型包含的内容虽然全面，但是大而不精，无法满足对细节和特定内容的绘图需求。Checkpoint模型是在官方模型的基础上进行微调和扩展而来的，每种模型都有擅长生成的图片类型。在生成特定风格或对象的图片时，Checkpoint比官方模型更加优秀，如图2-41所示。

提供Stable Diffusion模型下载的网站有很多，这里就以https://www.liblib.art为例介绍如何下载。在网站的首页可以看到各种模型的预览图，单击右上角的“全部类型”后选中“CHECKPOINT”，只显示大模型，如图2-42所示。

真实风格模型

卡通风格模型

3D风格模型

图2-41

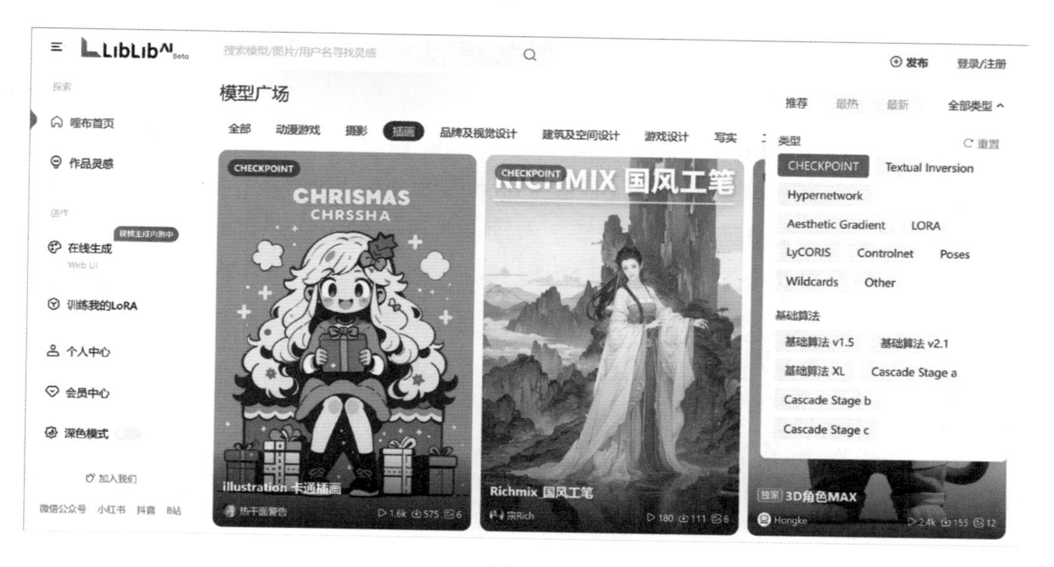

图2-42

下载链接在模型详情页的右侧，如图2-43所示。在模型预览图的下方能看到作者推荐使用的提示词、采样算法和迭代步数。

提示
Point out

不同版本的模型不能混用，比如使用SD1.5版的大模型后，再使用Lora模型和ControlNet插件时也要选择相同的版本。SD1.5版大模型虽然没有新版本的特性，但是胜在数量众多，很多大模型经过多个版本的迭代后出图效果非常稳定，更适合初学者和显卡性能不高的用户使用。

图2-43

模型下载完成后，继续下载模型详情页的预览图片，并将其命名为与模型文件同名。然后把模型文件和预览图片复制到Stable Diffusion启动器（即绘世启动器，就是Stable Diffusion WebUI的启动器）安装根目录下的“models\Stable-diffusion”文件夹内。在WebUI界面中，单击提示词输入框下方的“模型”选项卡，单击按钮即可看到新安装的模型，如图2-44所示。在需要切换大模型时，可直接单击“模型”选项卡中对应的模型预览图，或者在WebUI界面顶部的“Stable Diffusion模型”下拉菜单中进行选择。

提示 Point out

把光标移到模型预览图上，然后单击右上角的图标，把作者推荐的参数复制到“注意事项”中，以免将来找不到下载模型的页面。

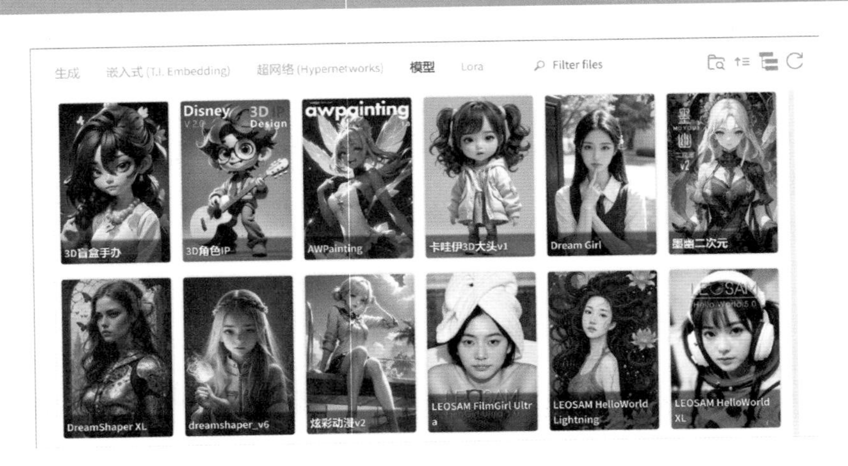

图2-44

单击页面上方的“设置”选项卡，在搜索栏中输入“卡片”。使用“扩展模型卡片宽度”和“扩展模型卡片高度”参数可以设置模型预览图的尺寸，而使用“卡片文本大小”参数可以设置模型名称的尺寸，如图2-45所示。

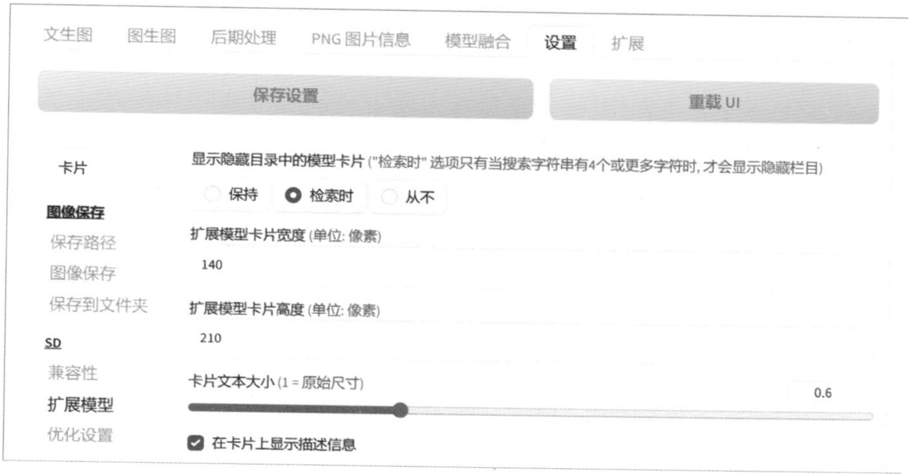

文生图
图生图
后期处理
PNG 图片信息
模型融合
设置
扩展
保存设置
重载 UI
卡片
图像保存
保存路径
图像保存
保存到文件夹
SD
兼容性
扩展模型
优化设置
显示隐藏目录中的模型卡片 ("检索时" 选项只有当搜索字符串有4个或更多字符时, 才会显示隐藏栏目)
保持
检索时
从不
扩展模型卡片宽度 (单位: 像素)
140
扩展模型卡片高度 (单位: 像素)
210
卡片文本大小 (1 = 原始尺寸)
0.6
在卡片上显示描述信息

图2-45

第二种是Lora模型，其文件后缀为pt或ckpt，文件大小约为100MB。这种模型能够将训练参数插入大模型的神经网络中，使用较少的训练参数和算力即可固定某一类型的人或物的风格，因此它是目前最热门且应用最广泛的模型之一。由于Lora模型是基于某些特定大模型训练的，虽然具有一定的适配性，但是使用配套的大模型能够产生更好的效果。因此，在下载Lora模型时，除了推荐的设置外，还应关注配套模型的相关信息。

Lora模型的安装路径是Stable Diffusion WebUI启动器安装根目录下的“models\Lora”文件夹。需要注意的是，有些Lora模型提供了触发词，如图2-46所示。这些触发词需要填写在正向提示词中。尽管不填写也可以让Lora模型生效，但是为了达到最佳效果，建议填写触发词。

沉默是静
Lib原创者
关注
立即生图
加入模型库
下载 (144.11MB)
已验证: 2024/01/03
safetensors
详情
类型
LORA
在线生成数
1161
下载量
298
基础算法
基础算法 1.5
触发词
sketch
生成信息

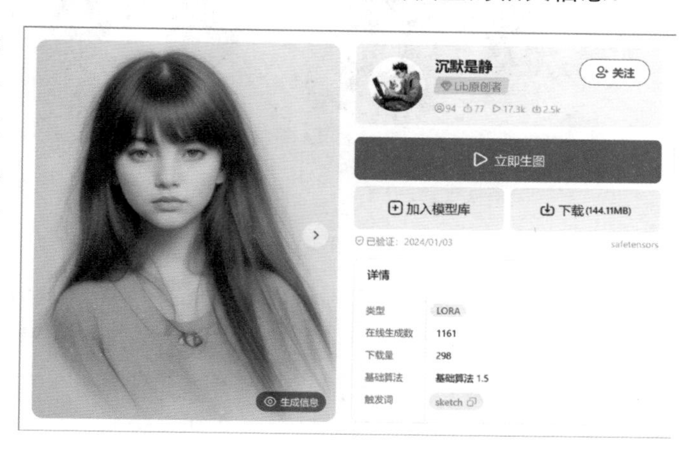

图2-46

在WebUI界面中，单击“Lora”选项卡，然后单击模型预览图右上角的🛠按钮，在打开的窗口中输入触发词，接着按照作者的推荐去设置权重值，最后单击“保存”按钮，如图2-47所示。

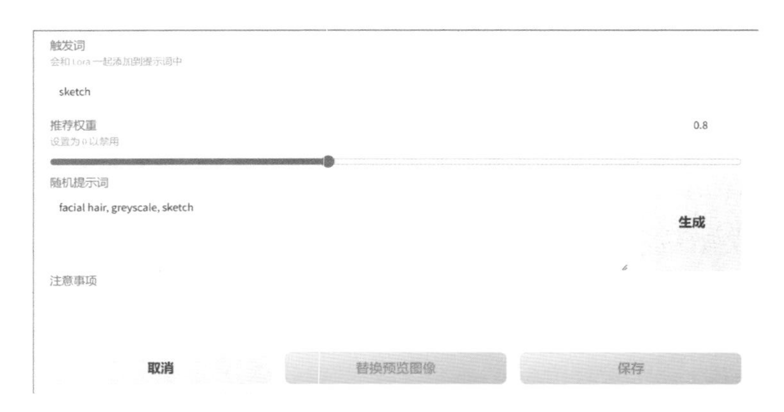

图2-47

现在只要单击一个Lora模型的缩略图，正向提示词框中就会出现“<lora:模型名称:权重值>”形式的词组和触发词。这里的权重值用于控制Lora模型的作用程度，数值越高，模型的特征或画风越强烈，如图2-48所示。

Lora权重=0.2

Lora权重=0.4

Lora权重=0.6

图2-48

第三种是VAE（变分自编码器）模型，它的文件后缀名是pt。这种模型无法控制图片的内容，只能与大模型搭配使用，用于修补色彩。通常，VAE会嵌入大模型，它的作用是把潜空间中的图片信息还原成正常图片。如果某些大模型的VAE文件损坏了，生成的图片可能会出现灰暗、颜色不鲜明等情况，此时就需要使用外挂的VAE模型进行修复。

VAE模型的安装路径为Stable Diffusion WebUI启动器安装根目录下的“models\VAE”文件夹。安装完成后，可以在WebUI界面最上方的“外挂VAE模型”下拉菜单中进行选择，如图2-49所示。

Stable Diffusion 模型
追梦女孩v6.safetensors [a75dcf840b]
外挂 VAE 模型
Automatic
CLIP 终止层数 2

图2-49

第四种是Embedding（嵌入式）模型，又称为Textual Inversion模型，其文件的后缀名有pt、png和webp，文件的大小只有几十千字节（KB）。安装路径为Stable Diffusion WebUI启动器安装根目录下的“embeddings”文件夹。嵌入式模型可以理解为预先封装好的一组提示词。当作为正向提示词使用时，它们可以生成指定角色的特征或画风；而作为反向提示词使用时，则可以避免色彩或生成人物肢体时出现错误。

有些嵌入式模型需要在正向提示词中添加模型名称才能发挥作用。假设我们想要绘制游戏角色D. VA，用简单的提示词很难准确描述这个形象。安装了嵌入式模型后，只需单击“嵌入式(T.I.Embedding)”选项卡，然后单击模型预览图以添加和模型名称相同的正向提示词，就能生成符合角色形象的图片，如图2-50所示。

图2-50

接下来，在反向提示词中加入控制词组，如修复手部细节的“negative_hand-neg”，修复肢体错误和不良构图的“ng_deepnegative_v1_75t”，以及提高画面精细度的“EasyNegative V2”，就能生成细节更丰富且错误更少的图片，如图2-51所示。

图2-51

第五种模型是Hypernetwork（超网络）模型，文件后缀名为pt，文件的大小为几十兆字节（MB）至几百兆字节，安装路径位于Stable Diffusion WebUI启动器安装根目录下的“models\hypernetworks”文件夹。这种模型可以在已有的大模型之外新建一个神经网络来调整模型参数，相当于是Lora模型的低配版，如图2-52所示。

图2-52

然而，由于Hypernetwork模型的训练难度较大且应用范围较窄，目前已经被Lora模型所取代，因此很少有人再使用它。

2.6 修复生成的图片

现在我们已经大致了解了提示词和模型的用法，以及常用设置参数的作用。在本节中，我们将综合前几节的内容，通过一个文生图的完整流程，介绍修复生成图片中的各种问题以及提高图片生成效率的方法。

假设我们要绘制或生成一个花田里的女孩，首先需要确定想要的图片风格，然后选择对应的大模型。在这个例子中，我们选择介于真人和卡通之间的2.5D风格大模型“dreamshaper_V6”。接下来，在预设样式下拉菜单中选择“基础起手式”，然后单击上方的按钮，以导入画质提示词和反向提示词，如图2-53所示。

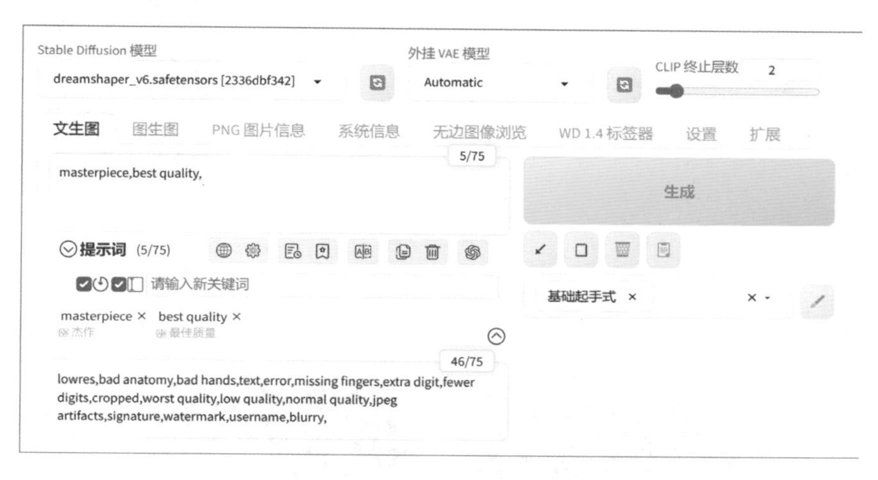

图2-53

单击按钮展开提示词分组标签，选择基本的角色、服饰、环境和镜头提示词。随后，单击“生成”按钮，以查看模型风格和画面内容是否符合预期，如图2-54所示。

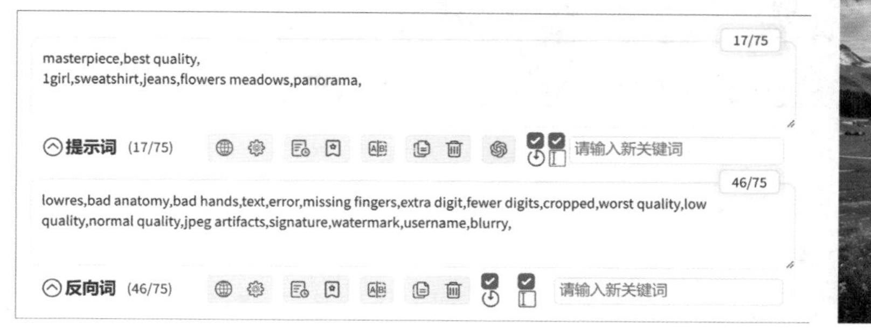

图2-54

生成几次图片后，我们就会发现，当人物距离镜头较远时，面部会变形。这是因为AI会根据元素的面积大小分配像素，如果角色的面部很小，分配到的像素就会不足，从而导致变形甚至垮塌的现象。解决这个问题的第一种方法是增加图片尺寸。我们将图片大小设置为512×680像素，并提高总批次数，如图2-55所示。再次生成图片时，可以看到面部基本不再出现问题了，但是由于像素密度有限，画面看起来不够精细。

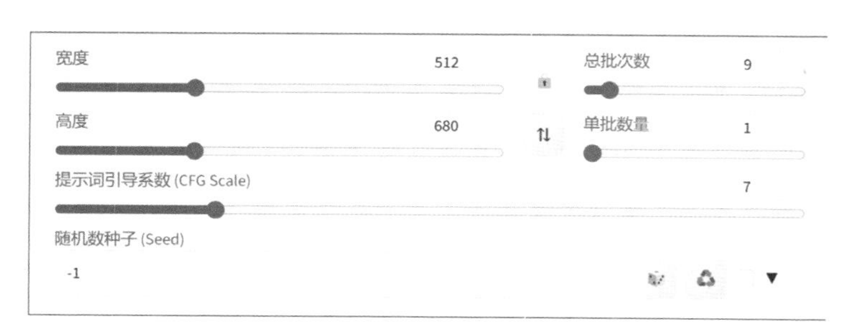

图2-55

我们进一步把图片大小设置为720×960像素后生成图片，一些图片变得更加清晰，但是有些图片上会出现多个人物，甚至有些人物身上会出现多余的肢体，如图2-56所示。

图2-56

前面的内容已经介绍过，训练模型时需要“喂”大量的图片。而SD1.5版大模型使用的是512×512像素的训练图片，当生成的图片尺寸超过一定限制时，AI会误认为图片是拼接的，因此会出现多人和多余肢体的现象。尽管通过添加反向提示词如“extralimb,disconnected limbs,mutated”，或者使用嵌入式模型如“ng_deepnegative_v1_75t,EasyNegativeV2”，可以在一定程度上降低出错概率，但即便是在具有足够算力的显卡上，这种生成方式的效率也很低。

最有效率的出图方式是把图片的宽度固定为512像素，然后增加总批次数再生成图片。全部生成完毕后，从中挑选一张最理想的图片，将该图片的种子数复制到“随机数种子”选项中，如图2-57所示。

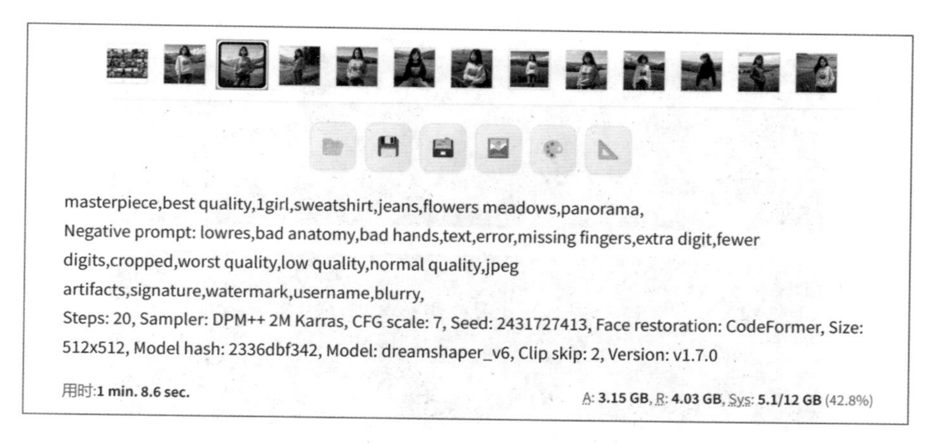

图2-57

接下来，勾选“高分辨率修复”复选框，在“放大算法”下拉菜单中选择“R-ESRGAN4x+”，并将“放大倍数”设置为2，“重绘幅度”为0.3，如图2-58所示。把“总批次数”设置为1后生成图片，即可获得尺寸更大且细节更丰富的图片。

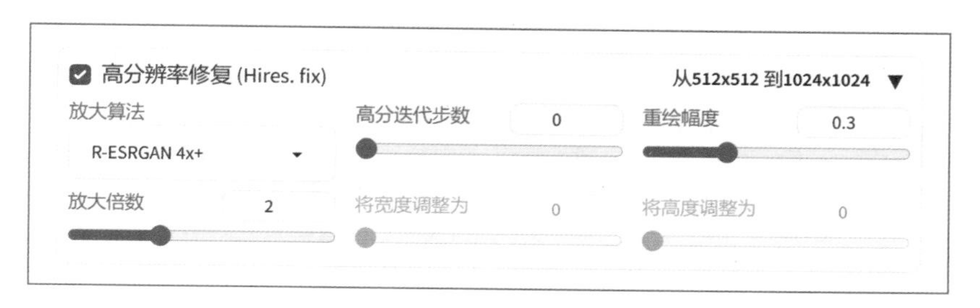

图2-58

高分辨率修复其实是在低分辨率图片的基础上，通过放大算法重新生成图片的一个高分辨率的版本。有许多不同的放大算法，简单来说，R-ESRGAN4x+是最常用的全能型算法，适用于各种类型的图片。ESRGAN_4x适合放大写实类图片，而R-ESRGAN4x+Anime6B适合放大卡通类图片。DATx2算法的质量最高，但计算速度也最慢。

当“重绘幅度”参数低于0.3时，修复后的图片完全忠于原图。将该数值设置为0.3到0.5之间可以得到足够清晰的图片，同时画面中的内容会有小幅度的改变。当数值在约为0.7时，原图中的细节会变得更加丰富，但是画面会出现明显的变化。进一步增加这个数值，修复后的画面就会越来越偏离原图，如图2-59所示。

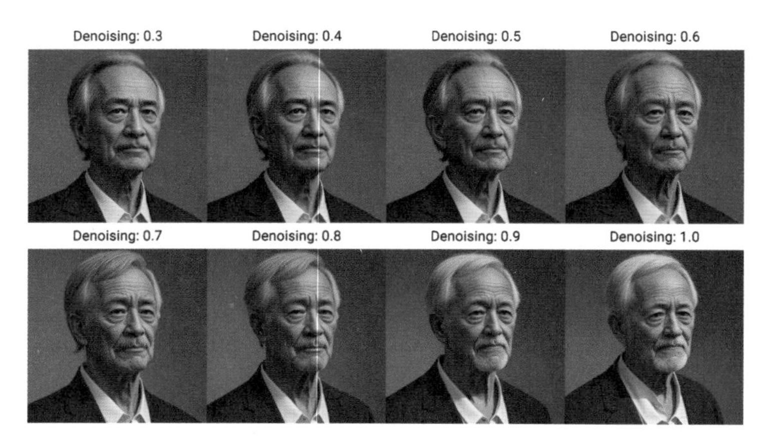

图2-59

高分辨率修复的第二种方法是，在“高分辨率修复”可折叠面板中选择一个常用的放大算法，然后把“重绘幅度”参数设置为0.4，接下来取消“高分辨率修复”复选框的勾选，如图2-60所示。注意：accordion控件在本书翻译为“可折叠面板”，通常也翻译为“手风琴菜单”或“手风琴面板”。

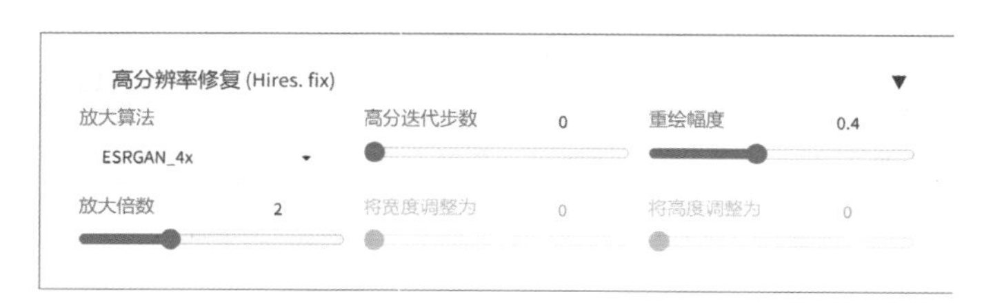

图2-60

按照文生图的流程输入提示词，然后单击“生成”按钮生成图片。如果生成结果不满意，可以重新生成图片，直到获得满意的效果。在得到满意的图片后，单击图片预览窗口下方的✨按钮，直接调用“高分辨率修复”可折叠面板中的设置参数来放大并修复图片。如果是批量生成的图片，可以在图片预览窗口内选中满意的图片，然后单击✨按钮，如图2-61所示。

图2-61

在“Refiner”可折叠面板中，我们可以把两个大模型的风格混合在一起。例如，我们可以把大模型切换成“墨幽二次元”，输入提示词后生成一张卡通风格的图片，如图2-62所示。

图2-62

接下来，勾选“Refiner”复选框，在“模型”下拉菜单中选择一个真实风格的大模型，然后利用“切换时机”参数来控制两个模型的混合程度，如图2-63所示。

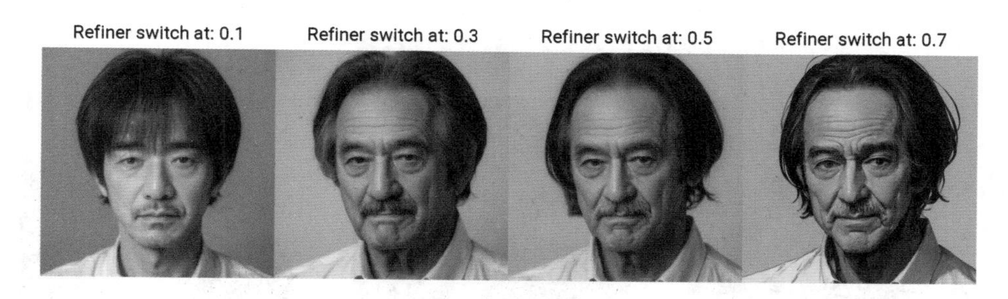

图2-63

Refiner的另一种用法是同时勾选“Refiner”和“高分辨率修复”复选框，为卡通图片添加真实风格的细节，如图2-64所示。

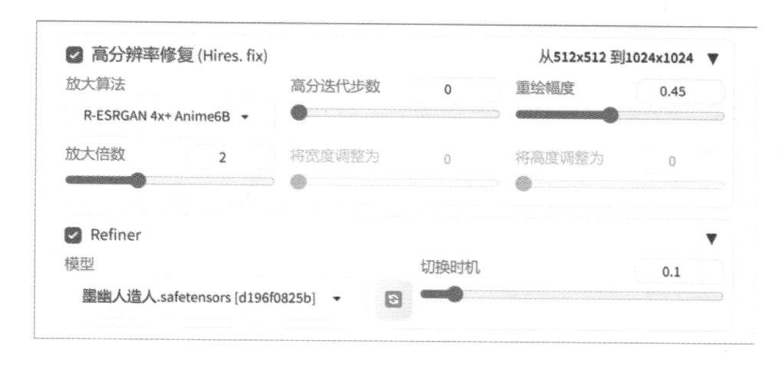

图2-64

有些时候，尽管高分辨率修复能在很大程度上改善面部问题，但并不能彻底解决这个问题。这时，我们可以展开“ADetailer”可折叠面板，勾选“启用After Detailer”复选框，在“单元1”的下拉菜单中选择“face_yolov8n.pt”，在“单元2”的下拉菜单中选择“hand_yolov8n.pt”，如图2-65所示。

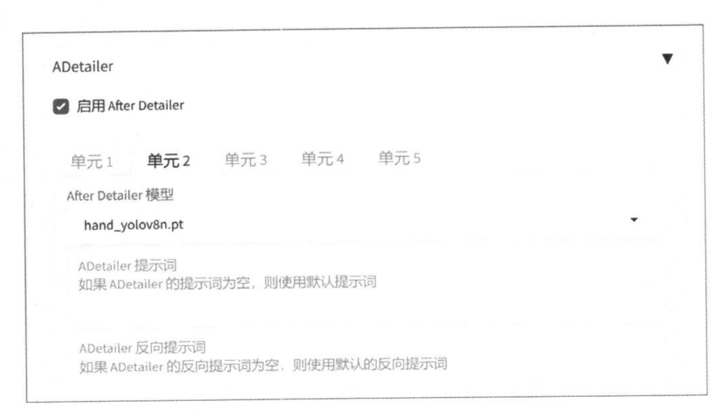

图2-65

先重新生成图片，等图片生成完毕后，ADetailer插件就会标记画面中的面部和手部，然后使用更高的分辨率重新绘制标记区域，从而达到修复的目的，如图2-66所示。

生成结果

高分辨率修复

ADetailer修复

图2-66

After Detailer的模型名称中带有“face”的模型用来修复面部，带有“hand”的模型用来修复手部，带有“person”的模型用来修复身体。而名称中带有“mediapipe”的模型对面部的识别更准确，但是识别范围有限，无法处理面积太小的区域。模型名称中的数值表示版本；数值后面的字母代表模型大小，“m”是中型模型、“s”是小型模型、“n”是微型模型，模型越大精度越高。

ADetailer插件中有5个单元，也就是说，我们可以同时开启5个模型修复画面。在每个模型的下拉菜单下方有正反提示词的输入栏，在正向提示词里输入“smile”，即可将角色的表情重画成微笑，如图2-67所示。同样地，如果不想让角色微笑，只需把“smile”写到反向提示词中。

图2-67

ADetailer还能和其他插件配合，实现一些更深入的用法。比如，要生成三个人同框的图片，用提示词很难让她们做出不同的表情，如图2-68所示。

图2-68

单击页面最上方的“扩展”选项卡，然后单击“可下载”，接着单击“加载扩展列表”按钮。在搜索栏中搜索并安装“Dynamic Prompts”插件，如图2-69所示。

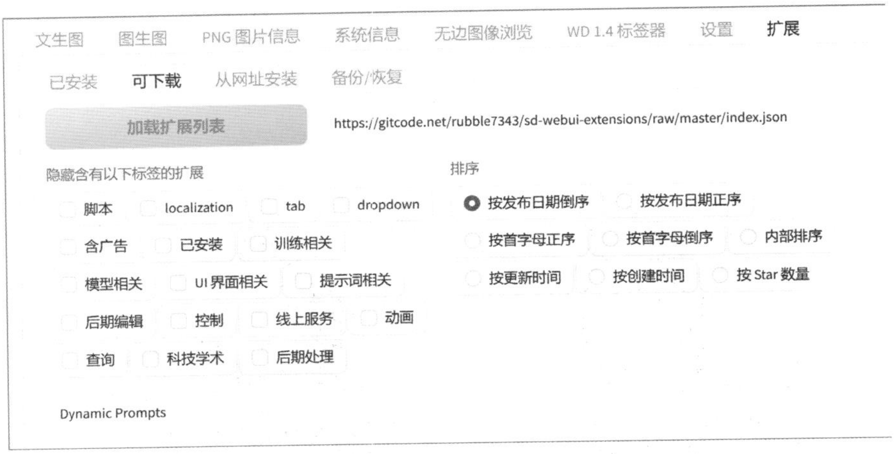

文生图
图生图
PNG 图片信息
系统信息
无边图像浏览
WD 1.4 标签器
设置
扩展
已安装
可下载
从网址安装
备份/恢复
加载扩展列表
https://gitcode.net/rubble7343/sd-webui-extensions/raw/master/index.json
隐藏含有以下标签的扩展
脚本
localization
tab
dropdown
含广告
已安装
训练相关
模型相关
UI 界面相关
提示词相关
后期编辑
控制
线上服务
动画
查询
科技学术
后期处理
排序
按发布日期倒序
按发布日期正序
按首字母正序
按首字母倒序
内部排序
按更新时间
按创建时间
按 Star 数量
Dynamic Prompts

图2-69

安装完成后，单击“设置”选项卡，然后单击“重载UI”按钮。等待WebUI重新加载完毕后，展开“Dynamic Prompts”可折叠面板，勾选“启用动态提示词”和“启用Jinja2模板”复选框。在“高级选项”可折叠面板中，勾选“将随机种子与提示词解绑”和“固定种子”复选框，如图2-70所示。

接下来开启ADetailer，按照图2-71所示的格式输入正向提示词，表情的内容和数量可以根据实际情况进行更改。

Dynamic Prompts
启用动态提示词
组合生成
最大生成数（0 = 所有组合数 - 忽略批次计数值）
0
组合批次数
1
魔法提示词
需要帮助?
Jinja2 模板
启用 Jinja2 模板
Jinja2 模板帮助
高级选项
一些选项已经被移动至设置中，在设置里的 Dynamic Prompt 选项下可以找到
将随机种子与提示词解绑
固定种子
不生成图像

图2-70

ADetailer
启用 After Detailer
v24.1.1
单元 1
单元 2
单元 3
单元 4
单元 5
After Detailer 模型
face_yolov8n_v2.pt
((((({{ choice('smile',
'grin',
'wide eyed',
'blush',
) }})))))
ADetailer 反向提示词
如果 ADetailer 的反向提示词为空，则使用默认的反向提示词

图2-71

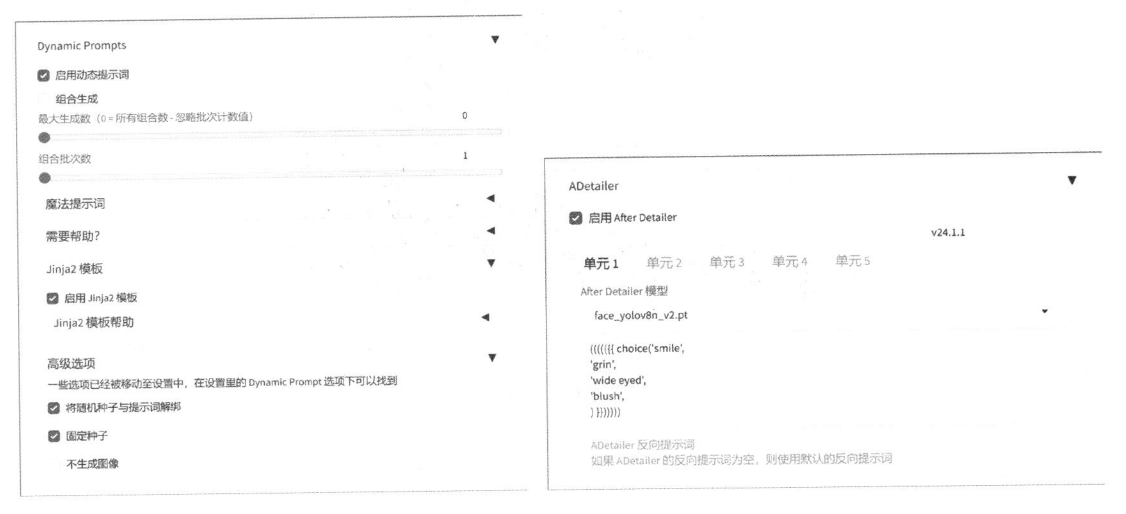

生成图片，人物就会随机生成不同的表情，如图2-72所示。

图2-72

2.7 提示词辅助插件

WebUI中的许多功能都是通过插件实现的，比如提示词输入栏中的翻译功能和提示词分组标签，这些功能来自一款名为prompt-all-in-one的插件。无论是哪种生成式AI工具，提示词都是引导生成特定内容的主要途径，是人和AI交互的基本语言。在本节中，我们将深入挖掘提示词插件的潜力，看看这些插件还能提供哪些独特的功能和便利。

当输入提示词后，输入栏下方会显示每个词组的中文翻译。如果输入的词组和句子没被收录到提示词分组标签中，可以单击按钮调用翻译接口。如果单击按钮后没有反应或者翻译速度很慢时，可以把光标移到按钮上，然后单击按钮。

在“翻译接口”下拉菜单中切换API，单击“测试”按钮找到翻译质量和速度最理想的接口后，再单击“保存”按钮，如图2-73所示。

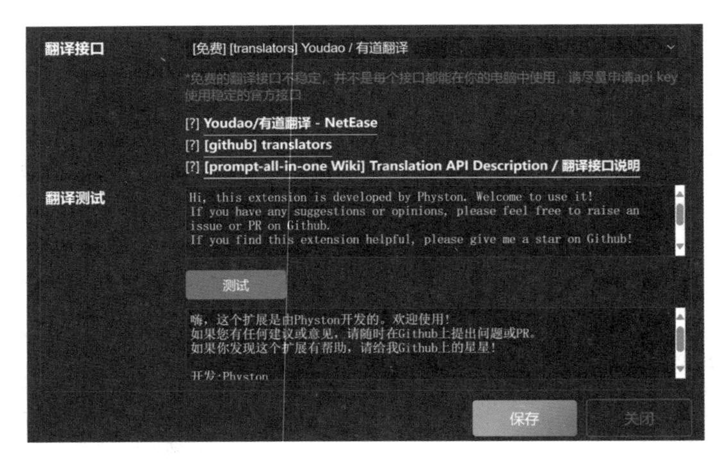

图2-73

带有颜色标记的词组表示被收录到提示词分组标签中，而相同颜色的标记表示它们被收录到同一类别下。在提示词分组标签中，我们可以通过左右拖曳词组来调整它们的顺序，单击右侧的×可以删除词组。双击词组可以将其暂停使用，再次双击即可恢复。当把光标移到一个词组上时，会出现悬浮框，我们可以使用其中的按钮快速设置权重值，如图2-74所示。

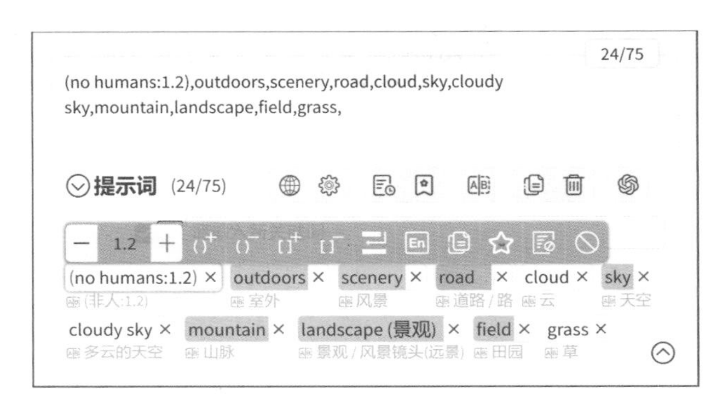

图2-74

在悬浮框中，单击☆按钮可以把常用的词组添加到收藏列表中，而单击⊡按钮则可以快速添加词组。另外，单击⊡按钮可以查看以前书写过的提示词，如图2-75所示。

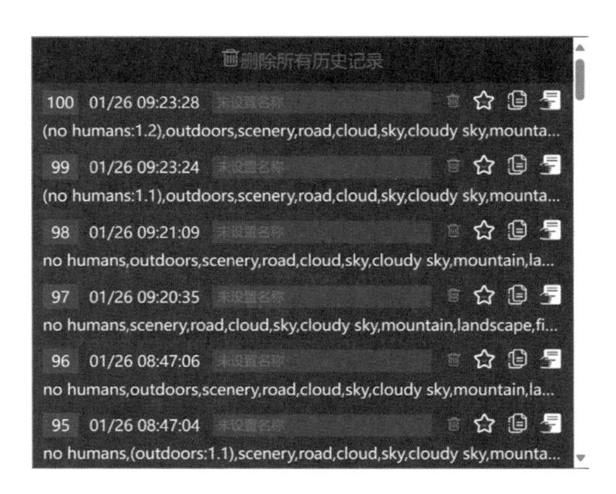

图2-75

SixGod插件的功能和prompt-all-in-one类似，通过分组标签的形式整合了常用的提示词词组。当一个词组被单击后，它会变成绿色背景，表示已被添加到正向提示词中，再次单击该词组会将其从正向提示词中移除。若要将词组添加到反向提示词中，则需用鼠标右击“负面起手”中的词组，如图2-76所示。

图2-76

需要翻译长句子时，可以按Alt+Q快捷键调出翻译框。在翻译框中输入中文后按回车键，然后单击下方的标签，就能填入英文提示词，如图2-77所示。

图2-77

SixGod的特色功能是随机生成提示词。展开“随机灵感”可折叠面板，单击“随机灵感关键词”按钮即可生成一组带有画质词的提示词。用“随机灵感”测试Lora模型时，可以在“结尾占位提示词”中输入触发词，然后单击“发送到提示词框”按钮，如图2-78所示。

如果说prompt-all-in-one和SixGod是翻译器和词库的话，那么One Button Prompt就是一个取之不尽的图库。在WebUI页面最下方的“脚本”下拉菜单中选择“One Button Prompt”，然后在“One Button Preset”下拉菜单中选择“Custom”。接着，在“Subject Types”“Artists”和“type of image”下拉菜单中分别选择主题、艺术家和图片类型，如

图2-79所示。清空所有提示词后，增加总批次数，然后单击“生成”按钮，系统将按照前面选择的类型随机组合提示词，并且一张接一张地生成图片。

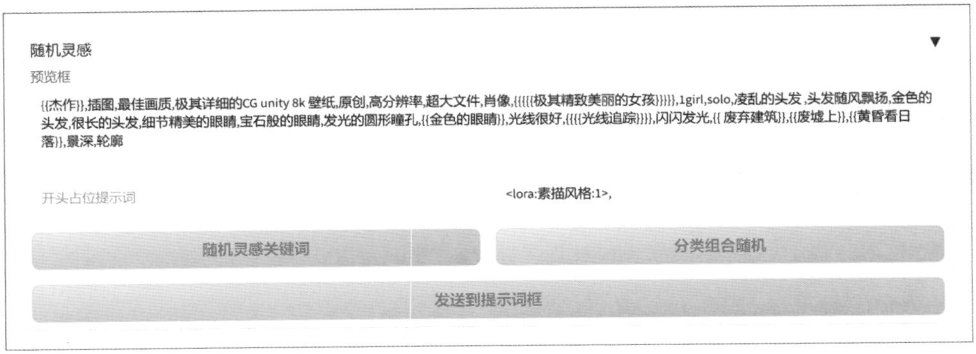

图2-78

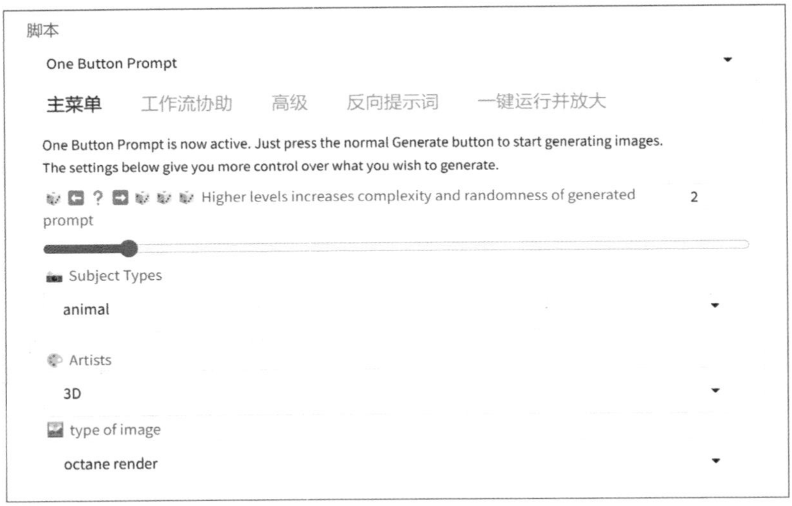

图2-79

“prompt”参数决定了提示词的随机等级，等级越高生成的提示词越复杂。复杂的提示词能够给画面带来更多细节，但是生成的内容可能会偏移选择的主题，如图2-80所示。

“One Button Prompt”能够自动添加画质词和反向提示词。为了保持图片质量的稳定性，最好在“提示词段”的第一行文本框中输入画质提示词，然后在“反向提示词”选项卡的文本框中输入反向提示词，如图2-81所示。

prompt=2　　　　prompt=8

图2-80

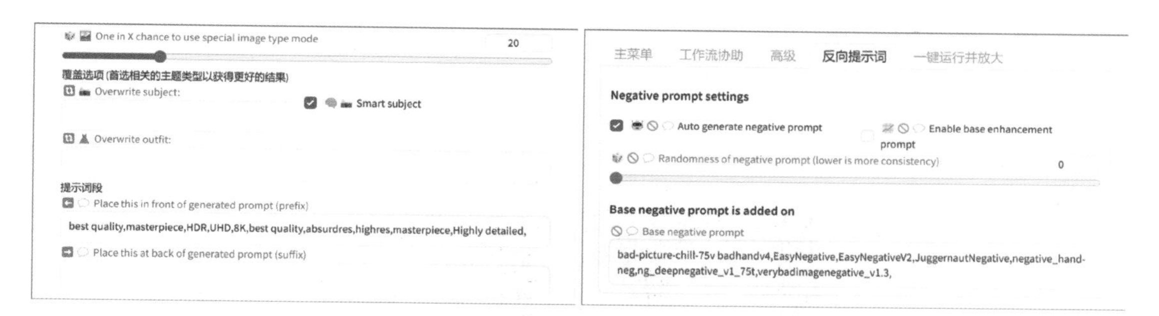

图2-81

如果我们想画某个明确的角色，比如男孩、猫等，可以在“覆盖选项”的第一个文本框中输入提示词，第二个文本框用来输入覆盖角色服装的提示词。再根据想要的风格选择大模型后批量生成图片。接下来，就可以打开图像输出文件夹，等着挑选满意的生成结果，如图2-82所示。

图2-82

拿不准哪个款式的衣服或者哪个颜色的头发更合适时，最好的方法是分别生成图片后对比一下效果。如果不想频繁修改提示词，我们可以开启上一节使用过的Dynamic Prompts插件，然后勾选“组合生成”复选框，如图2-83所示。

Dynamic Prompts

启用动态提示词

组合生成

最大生成数（0 = 所有组合数 - 忽略批次计数值） 0

组合批次数 1

图2-83

假设现在我们想模仿四位画家的风格分别画一张女孩的肖像，则可以在正向提示词里输入“1girl by{Pablo Picasso|Vincent Willem van Gogh|Leonardo da Vinci|Peter Paul Rubens}”，然后单击“生成”按钮，就能连续生成四张不同画风的图片，如图2-84所示。

图2-84

解密AI绘画与修图

Stable Diffusion+Photoshop

第3章

精确制导武器ControlNet

作为一款开源AI绘画工具，每天都有大量开发者发布各种各样的Stable Diffusion插件。在众多插件中，知名度最高的就是ControlNet。这款插件利用基于控制点的图像变形算法对生成结果进行微调，为Stable Diffusion赋予了自由组织画面内容的能力。它可以轻松实现定义姿势、固定构图、线稿上色等效果，让Stable Diffusion从新奇有趣的玩具进化成实用的生产力工具。

3.1 定义角色的姿势和动作

Stable Diffusion生成图片的过程充满了随机性。即便使用大量提示词精确描述，要想得到满意的图片，往往还需要重新生成多次。尤其是在需要角色做出某些特定动作时，如果不使用ControlNet，那么结果就只能靠运气。

用ControlNet定义人物姿势的最简单方法是找一张图片作为参考。展开“ControlNet”可折叠面板，单击图像窗口载入参考图，如图3-1所示。对于显存比较小的计算机系统，用户可勾选“低显存模式”复选框，以降低生成图片过程中ControlNet控制模型对显存的占用量。同时，勾选“完美像素模式”复选框，可以自动计算预处理图像的分辨率，避免生成模糊变形的图片。

图3-1

在“控制类型”选项组中，单击“OpenPose（姿态）”单选按钮，在“预处理器”下拉菜单中选择“dw_openpose_full”，如图3-2所示。

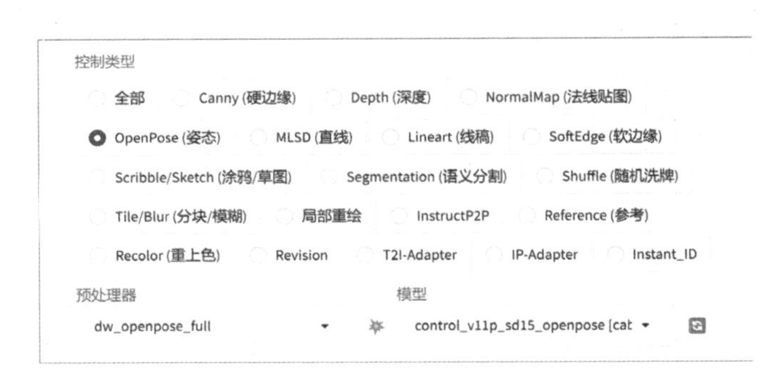

图3-2

单击✹按钮后稍等片刻，预处理器就能识别参考图上的角色姿势，并且生成一张骨骼图，如图3-3所示。

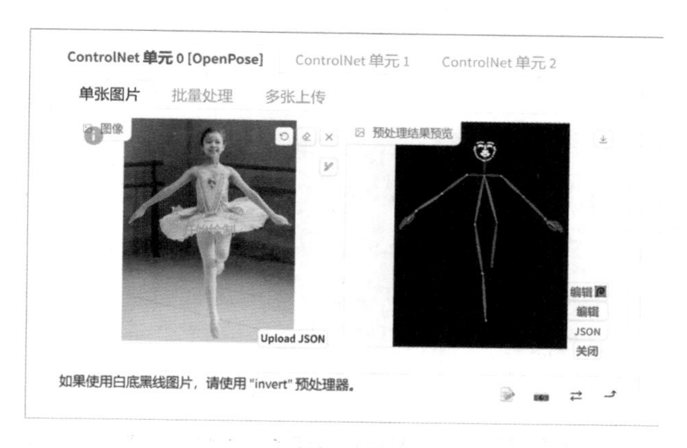

图3-3

单击⤴按钮把参考图的尺寸设置成生成图片的尺寸，接下来锁定生成图片尺寸的宽高比，然后把宽度设置为512，如图3-4所示。

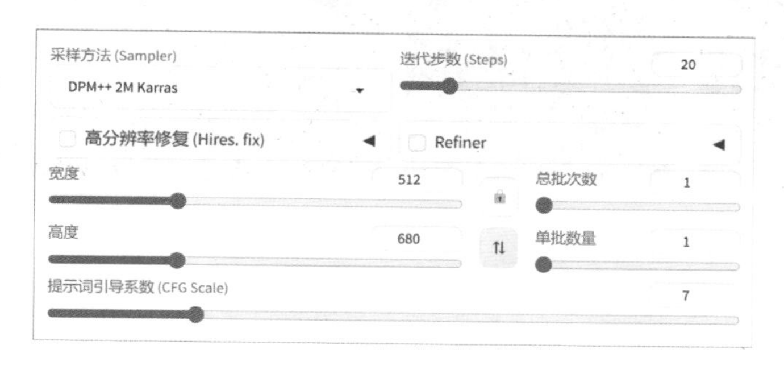

图3-4

输入画质词和描述服装、背景的提示词后，生成图片，图中的角色就会做出参考图上的动作，如图3-5所示。

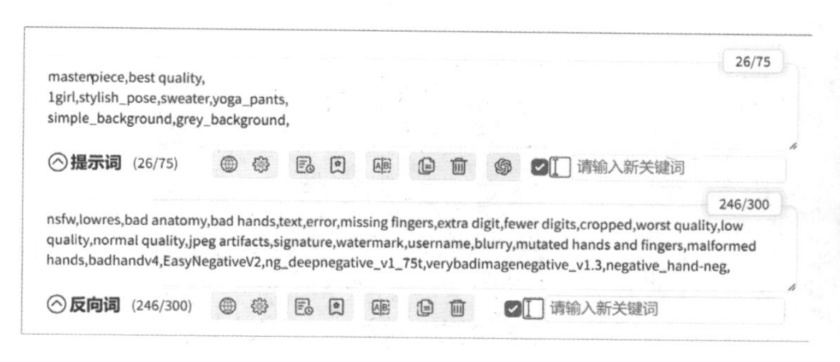

图3-5

ControlNet的工作流程是先用预处理器从参考图上提取线条、色彩等信息，生成一张数据图，然后通过控制模型把数据图上的信息应用到生成结果上。预处理器不同，提取到的信息也就不同。

例如，openpose_full和dw_openpose_full都能识别姿势和面部信息，但是dw_openpose_full的识别准确性更高。而openpose_faceonly只能识别面部信息，openpose不能识别面部信息和手部骨骼，openpose_face不能识别手部骨骼，openpose_hand不能识别面部信息，如图3-6所示。尽管这几个预处理器识别的信息有所缺失，但它们给提示词留下了发挥的空间，可以用来修改角色的表情或手势。

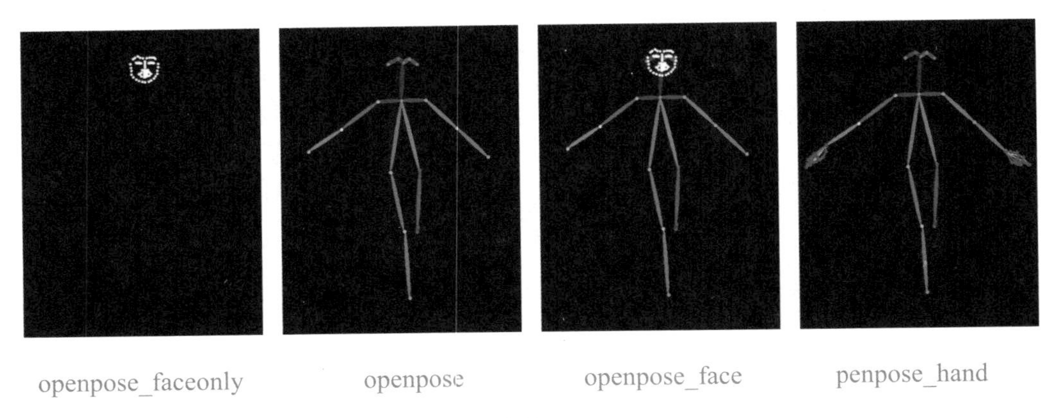

图3-6

animal_openpose可以识别动物的姿势，如图3-7所示。

提示 Point out 如果单击按钮后无法生成预处理图像并出现错误提示，最常见的原因是缺少预处理模型和控制模型。本书的附赠素材中提供了常用预处理器模型和控制模型的下载地址，读者可以参考其中的帮助文档进行下载和安装。

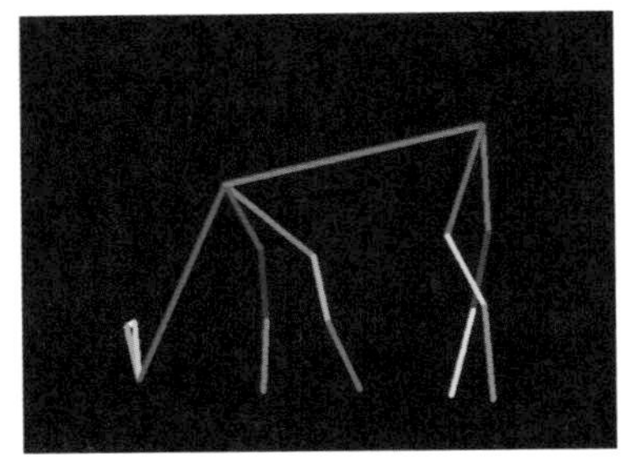

图3-7

densepose用轮廓图的形式识别人体姿势。要让该模型生效，需要单击“模型”下拉菜单右侧的按钮，然后选择“controlnetFor_v10”控制模型，如图3-8所示。

控制类型
全部　Canny (硬边缘)　Depth (深度)　NormalMap (法线贴图)
OpenPose (姿态)　MLSD (直线)　Lineart (线稿)　SoftEdge (软边缘)
Scribble/Sketch (涂鸦/草图)　Segmentation (语义分割)　Shuffle (随机洗牌)
Tile/Blur (分块/模糊)　局部重绘　InstructP2P　Reference (参考)
Recolor (重上色)　Revision　T2I-Adapter　IP-Adapter　Instant_ID
预处理器　模型
densepose_parula (black bg & blue　controlnetFor_v10 [32b069f5]

图3-8

在实际运用中，densepose的效果通常不如openpose精确，因此大多数情况下需要与深度预处理器配合使用。densepose的优点是参数量较小，适合在视频领域识别大批量人群。另外，由于densepose在识别姿势的同时还能标记轮廓形状，因此在还原比较胖的角色时效果较好，如图3-9所示。

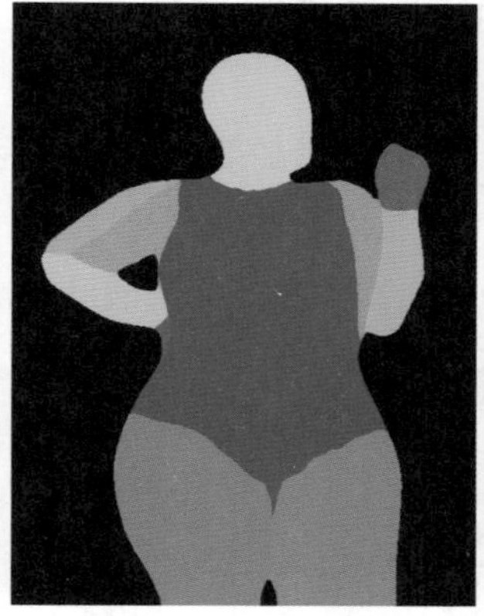

图3-9

“控制权重”参数决定了ControlNet对生成结果的影响程度。数值越小，生成结果越偏向提示词，如图3-10所示。

控制权重=0.2　控制权重=0.4　控制权重=0.8

图3-10

“引导介入时机”和“引导终止时机”参数用来控制ControlNet何时对生成结果产生影响。例如，把引导介入时机参数设置为0.3，引导终止时机参数设置为0.7，表示在迭代步数进行到30%时ControlNet开始介入，进行到70%时退出引导，剩下的30%继续由提示词引导，如图3-11所示。

提示词　ControlNet　提示词

图3-11

因为迭代步数的前20%就能决定角色的姿态动作，后面的步数全部用来生成服装、面部等细节，所以引导介入时机数值稍高就容易让姿势失去控制。而引导终止时机参数即使设置得很小，也不会对姿势产生太大影响，如图3-12所示。

介入时机=0.4，终止时机=1　介入时机=0，终止时机=0.4

图3-12

我们首先修改提示词，然后添加Lora模型，生成唐风形象的角色，如图3-13所示。在ControlNet的“控制模式”选项组中，可以选择生成结果是更偏向提示词还是ControlNet，或者二者兼顾。通常情况下，使用“均衡”模式可以获得比较自然的生成结果。

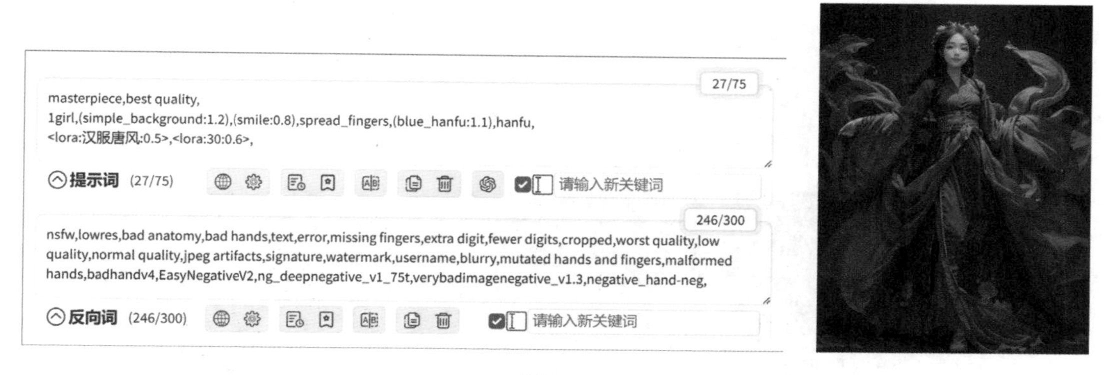

图3-13

单击“更偏向ControlNet”单选按钮，角色的姿势会更加接近参考图。如果想在参考图的基础上进行一定程度的修改或发挥，可以把预处理器类型设置为openpose，然后单击“更偏向提示词”单选按钮，它们的对比效果如图3-14所示。

更偏向ControlNet

更偏向提示词

图3-14

当参考图和生成图片的宽高比不同时，需要在“缩放模式”选项组中选择匹配方式。单击“仅调整大小”单选按钮，会按照生成尺寸缩放预处理图像的宽高比，从而产生拉伸或挤压变形。单击“裁剪后缩放”单选按钮会以生成尺寸的宽度为基准，对预处理图像的高度进行裁剪。虽然不会产生变形，但会丢失部分画面。单击“缩放后填充空白”单选按钮，可以等比例缩放预处理图像，超出生成图片尺寸的部分会被填充新像素，如图3-15所示。

提示 Point out

无论使用哪种缩放模式，画面都可能产生一定的变形。为了避免发生这种情况，可用Photoshop把参考图裁剪成合适的宽高比，然后把宽度设置为512像素或1024像素。重新上传裁剪后的参考图后，按照参考图的尺寸设置生成尺寸。

仅调整大小

裁剪后缩放

缩放后填充空白

图3-15

需要修改参考图上的动作时，可以单击预处理结果预览右下角的“编辑”按钮。然后在打开的sd-webui-openpose-editor插件中，通过拖曳骨骼上的圆形节点来修改姿势动作。调整完毕后，单击“发送姿势到ControlNet”按钮，如图3-16所示。

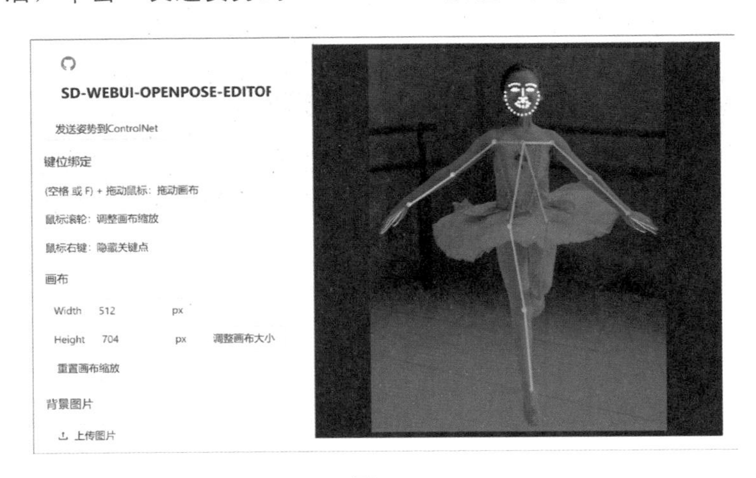

图3-16

我们还可以用框选的方式选中所有骨骼，然后拖曳边框四角的节点来移动和缩放骨骼。右击骨骼上的圆点，可以隐藏圆点和与之连接的骨骼。

提示 Point out

单击预处理结果预览右上角的⬇按钮可以保存骨骼图，以备下次使用；单击右下角的JSON按钮则会把骨骼图保存为可重新编辑的格式。

找不到合适的参考图时，可以单击WebUI上方的“OpenPose编辑器”选项卡，从默认的姿势开始编辑骨骼图。编辑完成后，单击“发送到文生图”按钮，把姿势发送给ControlNet，如图3-17所示。

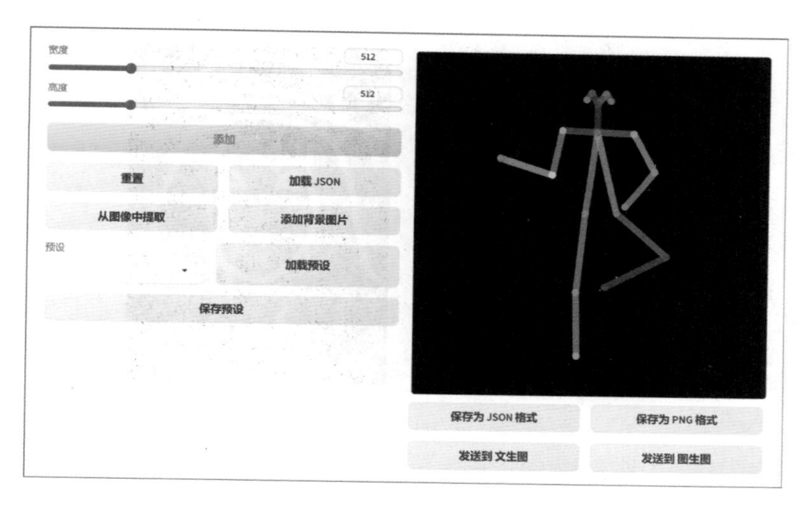

图3-17

如果我们直接将骨骼图作为参考图，需要在“预处理器”下拉菜单中选择“none”，否则上传的骨骼图无法生效，如图3-18所示。

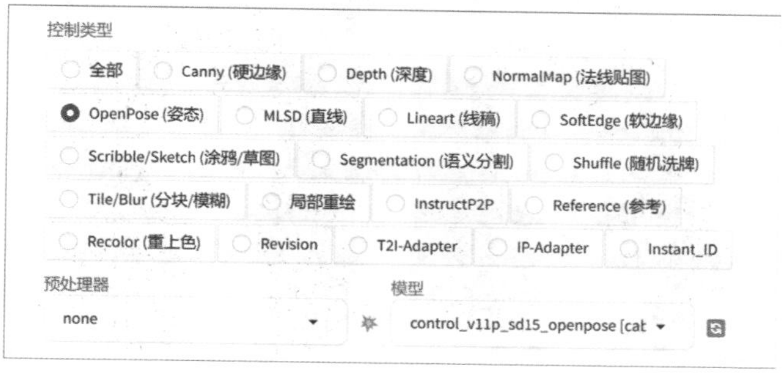

图3-18

3.2 风格迁移和线稿上色

ControlNet中的Scribble/Sketch、Lineart、SoftEdge、Canny和MLSD预处理器都能提取线条信息，进而控制生成结果的构图和轮廓，主要用来实现风格迁移和线稿上色效果。

Scribble/Sketch预处理器提取的线条较粗，在把真人照片重绘成卡通图片或者把卡通图片迁移成真实风格时，都能准确还原角色的外观轮廓，如图3-19所示。

图3-19

因为Scribble/Sketch提取的线条都集中在主体对象的轮廓上，所以画面中的大部分区域失去控制，完全由大模型和提示词随机生成，生成图片的自由度很高，如图3-20所示。

图3-20

Scribble/Sketch有4种预处理器，其中scribble_hed、scribble_pidinet和t2ia_sketch_pidi的差别不大，常用来生成涂鸦或草图效果的图片；scribble_xdog主要用来提取建筑或室内的几何形状，如图3-21所示。

scribble_hed　　scribble_pidinet　　t2ia_sketch_pidi　　scribble_xdog

图3-21

Canny模型能提取细节丰富的线条，如图3-22所示。从预处理图像上可以看到，角色面部五官的位置和形状都有线条控制，模型可以精确还原参考图中的表情、皱纹等细节。

图3-22

Lineart和SoftEdge预处理器的生成效果介于以上两者之间。SoftEdge预处理器可以提取比较柔和的边缘线条，既能像Canny那样得到较为丰富的细节，准确还原参考图中的结构轮廓，也能像Scribble/Sketch那样生成比较粗的线条，给提示词留下一定的发挥空间，如图3-23所示。

Lineart预处理器经常用于线稿图上色，lineart_standard是标准的线稿预处理形式，其余的预处理器都是在它的基础上进行的改进和变化；lineart_anime能生成具有明暗和粗细变化的线条，适用于动漫和素描风格的线稿；lineart_coarse生成的线条较混乱，能得到类似手绘涂鸦的效果；lineart_realistic强调细节和精度，能把线稿处理成真实照片风格，如图3-24所示。

图3-23

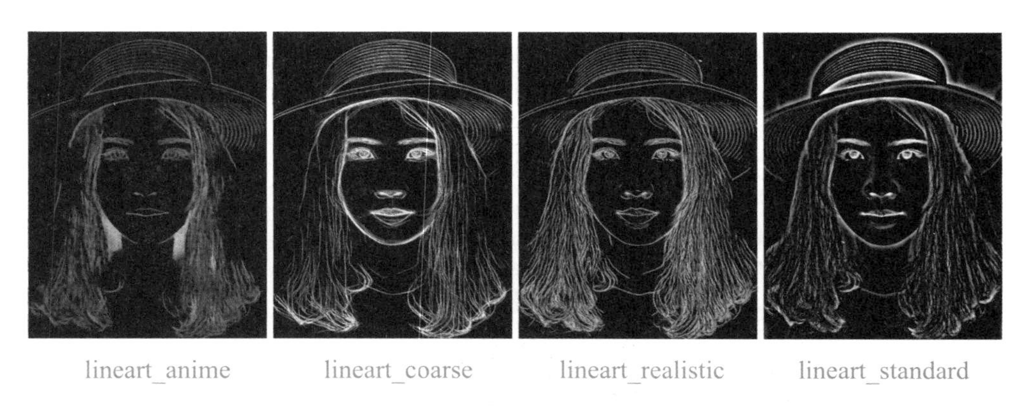

图3-24

Canny、Scribble和Lineart中都有“invert（fromwhitebg&blackline）”预处理器，这个预处理器的作用是给线稿上色。我们在ControlNet中上传一张线稿图，单击“Lineart（线稿）”单选按钮后选择“invert（fromwhitebg&blackline）”预处理器，将参考图处理成黑底白线的形式，如图3-25所示。

图3-25

根据需要选择风格大模型后输入提示词，就能实现线稿上色的效果，如图3-26所示。

masterpiece,best quality,
1boy,yellow hair,(blurry:1.4),bamboo forest,

16/75

提示词 (16/75)　请输入新关键词

246/300

nsfw,lowres,bad anatomy,bad hands,text,error,missing fingers,extra digit,fewer digits,cropped,worst quality,low quality,normal quality,jpeg artifacts,signature,watermark,username,blurry,mutated hands and fingers,malformed hands,badhandv4,EasyNegativeV2,ng_deepnegative_v1_75t,verybadimagenegative_v1.3,negative_hand-neg,

反向词 (246/300)　请输入新关键词

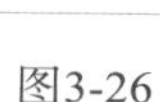

图3-26

MLSD模型只能提取参考图中的直线，一般用在建筑和室内设计领域。我们可以用这个模型改变参考图的配色、环境或氛围，如图3-27所示。

设计师也可以用这个模型构建建筑或室内空间的基本结构和几何形状，然后配合提示词和风格大模型快速出图，如图3-28所示。

图3-27

图3-28

3.3 深度图和法线贴图

深度图是一种描述距离信息和空间结构的灰度图像。在深度图上，颜色越深表示与观察者的距离越远，颜色越浅表示与观察者的距离越近。

ControlNet中的深度模型主要有三个用途。第一个是固定画面构图和空间关系。例如，在画风景时，可以找一张实景照片作为参考图并上传到ControlNet中，然后在“控制类型”选项组中单击“Depth（深度）”单选按钮，再单击💥按钮，生成的预处理图像如图3-29所示。

图3-29

选择风格大模型后输入提示词，就能按照参考图中的物体形状和远近关系生成近似的图片，如图3-30所示。

图3-30

深度模型有6个预处理器：depth_midas、depth_zoe、depth_leres、depth_leres++、depth_anything和depth_hard_refiner。depth_midas适合表现较大纵深空间的远近关系，但远景的表现力较差。depth_zoe可以生成细节丰富的深度图，适合用来还原人物角色。depth_leres和depth_leres++适合小范围场景，不但能表现出近景和远景的细节，还能利用“RemoveNear”和“RemoveBackground”参数控制近景和远景的范围，缺点是处理近景图像时可能会导致图片模糊，如图3-31所示。

depth_zoe　　depth_leres　　depth_leres++

图3-31

预处理图像上的细节越多，明暗对比越强，生成图片中的内容就越丰富，如图3-32所示。

depth_zoe　　depth_leres　　depth_leres++

图3-32

depth_anything是TikTok新推出的深度图模型，与depth_midas相比，depth_anything

生成的预处理图像背景更加干净、清晰；尽管depth_anything在细节方面没有depth_leres++丰富，但是前者的准确度更高。要想使用depth_anything预处理器，需要下载并在ControlNet的“模型”下拉菜单中选择“control_sd15_depth_anything”，如图3-33所示。

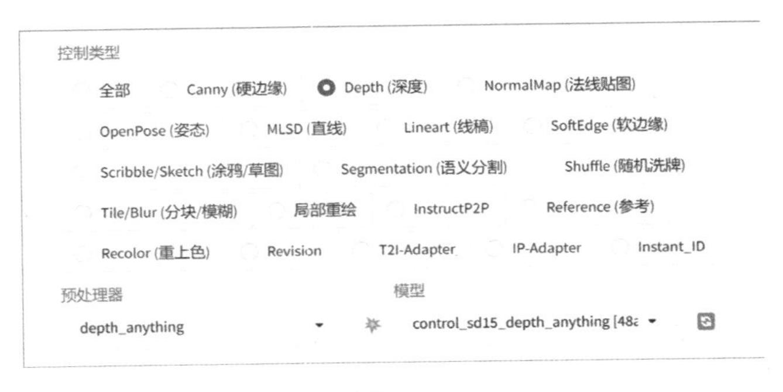

图3-33

depth_hand_refiner是修复手部的预处理器。我们修改提示词，生成一张女孩招手的图片，如图3-34所示。AI画手一直是老大难问题，即使反复生成图片，也很难得到没有瑕疵的手部。

图3-34

在页面上方进入“图生图”选项卡，展开“ControlNet”可折叠面板，勾选“启用”和“完美像素模式”复选框。在“控制类型”中单击“Depth（深度）”单选按钮，在“预处理器”下拉菜单中选择“depth_hand_refiner”，如图3-35所示。

图3-35

进入“局部重绘”选项卡，上传需要修复的图片，然后用笔刷给有问题的手部画上遮罩。接着，把“重绘幅度”参数设置为0.9后单击“生成”按钮，手部就修复好了，如图3-36所示。

图3-36

深度模型的第二个作用是可以进行图片间的风格迁移。例如我们上传一张风景照片作为参考图，在“ControlNet”可折叠面板中勾选“启用”和“完美像素模式”复选框。接着，在“控制类型”中单击“Depth（深度）”单选按钮，生成的预处理图像如图3-37所示。

图3-37

接下来选择国画风格的大模型和Lora模型，在输入提示词后生成图片，就能得到山脉走势和远近关系可控的山水画，如图3-38所示。

图3-38

深度模型的第三个作用是定义人物姿态。虽然openpose预处理器可以提取大部分的姿态动作，但是当角色的手臂或腿部交叠时，仅靠骨骼信息无法判断肢体间的远近关系。遇到这种情况，使用深度模型就能非常准确地还原姿态，如图3-39所示。

图3-39

法线贴图是三维制作软件中的一种贴图类型，它通过RGB颜色标记物体表面的法线方向，其作用和深度图类似，只不过深度图记录的是物体的远近信息，而法线贴图记录的是物体表面的凹凸信息。

我们在ControlNet中上传一张照相机的照片，然后单击“NormalMap（法线贴图）”单选按钮，生成的预处理图像如图3-40所示。

图3-40

输入提示词后生成图片，就可以像深度图那样控制对象的形状，同时还能还原参考图中的凹凸质感，如图3-41所示。

提示 Point out

法线贴图预处理器对参考图的分辨率有一定的要求，如果分辨率太低，就无法准确还原细节特征。另外，法线贴图还能在一定程度上还原参考图上的照明分布，这是深度图所不具备的特征。

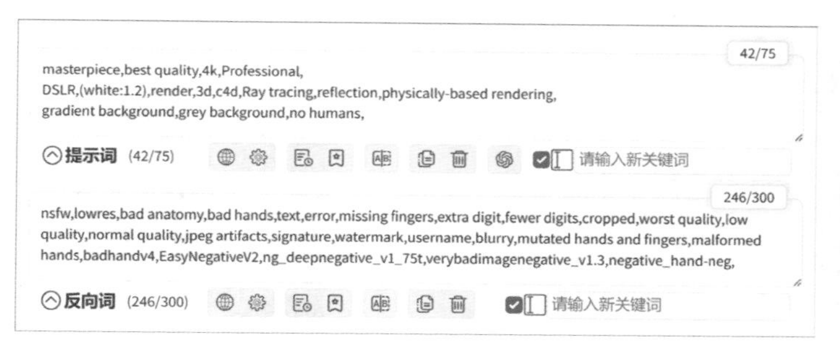

图3-41

法线贴图有两个预处理器：normal_bae采用标准算法，可以记录参考图上的形状、凹凸和照明信息；normal_midas的精度比较差，当需要把主体从背景中分离出来时可以尝试使用，如图3-42所示。

normal_bae

normal_midas

图3-42

3.4 生成一致性的角色

随着AI绘图功能的日益完善，AI绘图已经在很多领域得到实际应用。例如，一些

内容生产者正在用Stable Diffusion把文本小说改编成漫画或视频。这项应用在ControlNet出现之前是难以想象的，因为在生成几十甚至上百张图片时，很难确保角色的面部、发型、服饰等特征始终保持不变。本节将介绍用ControlNet生成一致性角色的方法。

首先，按照文生图的基本流程，选择风格大模型后输入提示词，生成一张满意的角色图片，如图3-43所示。

图3-43

在ControlNet中，上传生成的图片后，在“控制类型”中单击“Reference（参考）”单选按钮，如图3-44所示。参考模式（Reference）不需要控制模型，只需使用预处理器即可让参考图引导生成结果。

图3-44

修改描述环境和动作的提示词后，反复生成图片，角色的面部和服饰特征始终会与参考图保持一致，如图3-45所示。

图3-45

Reference模式有3个预处理器：reference_only可以生成和参考图风格类似但细节不同的图片，主要用于创建一致性角色；reference_adain生成的图片偏向大模型，主要用于迁移风格；而reference_adain+attn则是以上两种模式的结合，生成图片的风格介于大模型和参考图之间，如图3-46所示。

reference_only　　reference_adain+attn　　reference_adain

图3-46

在“控制模式”选项组中选择“均衡”时，可以使用“Style Fidelity”参数来控制生成结果的风格倾向。数值越小，风格越接近大模型；数值越大，风格越接近参考图，如图3-47所示。

IP-Adapter和Reference模式的主要作用都是提供图像提示，也就是俗称的“垫图”。相较而言，IP-Adapter的效果更好，配合专用的Lora模型能够实现以假乱真的换脸效果。

StyleFidelity=0.1　　StyleFidelity=0.9

图3-47

在ControlNet中上传一张人物照片。在“控制类型”中单击“Reference（参考）”单选按钮，在“预处理器”下拉菜单中选择“ip-adapter_face_id_plus”，在“模型”下拉菜单中选择“ip-adapter-faceid-plusv2_sd15”，如图3-48所示。

提示 Point out

模型名称中的“sd15”表示该模型基于SD1.5版的大模型开发。在“稳定扩散”选项卡中使用SDXL版的大模型时，需要选择名称中带“xl”的模型。

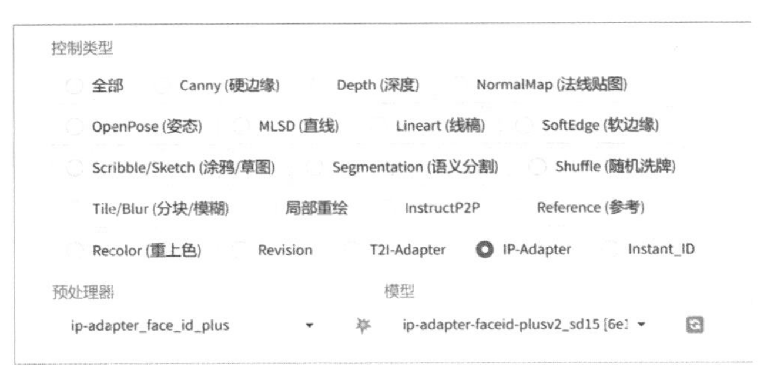

图3-48

现在，即使我们清空所有提示词，也能生成与参考图一致的角色，如图3-49所示。

提示 Point out

当把卡通图片迁移成真实风格时，可以开启“ADetailer”插件，通过重绘脸部解决眼睛太大的问题。

图3-49

IP-Adapter模型的另一个作用是风格融合。例如，如果我们以名画《蒙娜丽莎的微笑》作为参考图，在“预处理器”下拉菜单中选择“ip-adapter_clip_sd15”，在“模型”下拉菜单中选择“ip-adapter-plus_sd15”，并将“控制权重”参数设置为0.5，如图3-50所示。

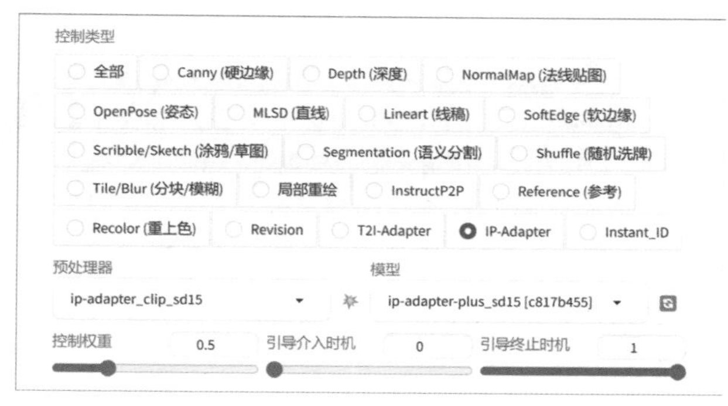

图3-50

输入提示词后生成图片，就能把名画的风格、构图以及自己想要的内容融合到一起，如图3-51所示。

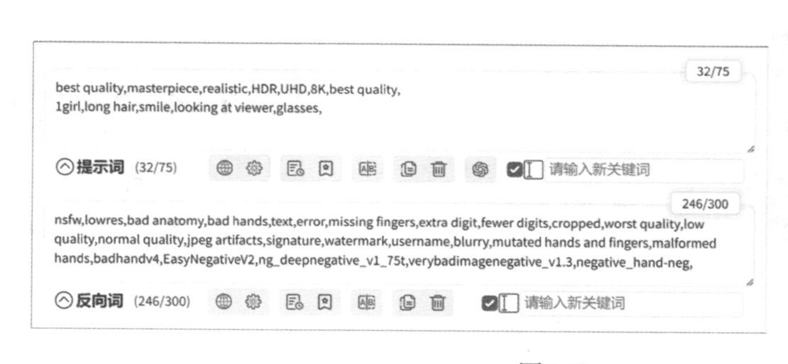

图3-51

在ControlNet中选择“多张上传”，然后单击“上传图像”按钮上传多张图片，可以把这些图片上的特征全部融合到一起，如图3-52所示。

图3-52

3.5 把光影融入图片中

就像深度图用灰度值表示远近那样，本节学习的Brightness和Illumination模型能够从参考图中提取亮度信息，然后根据亮度图中的灰度值影响生成结果中的明暗分布，进而把文字或图形完美融入图片中。

我们先按照文生图的流程生成一张满意的山脉图片，如图3-53所示。

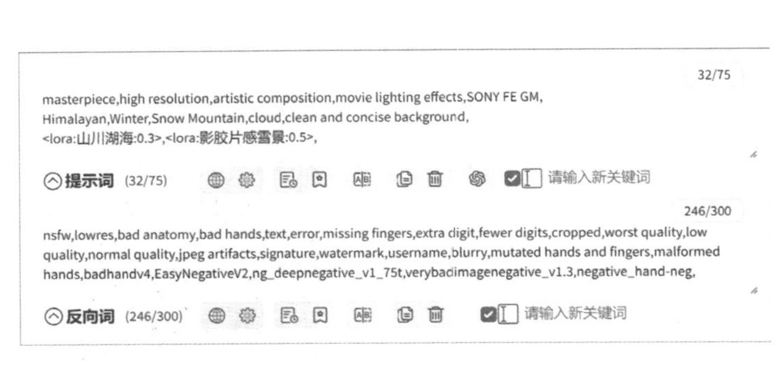

图3-53

接下来，单击🎲按钮锁定种子，在ControlNet中上传一张带有标语文字的图片。在“模型”下拉菜单中选择“control_v1p_sd15_brightness”，将“控制权重”参数设置为0.2，如图3-54所示。生成图片后，参考图中的文字就会以云雾、岩石和阴影的形式融入图片中，如图3-55所示。

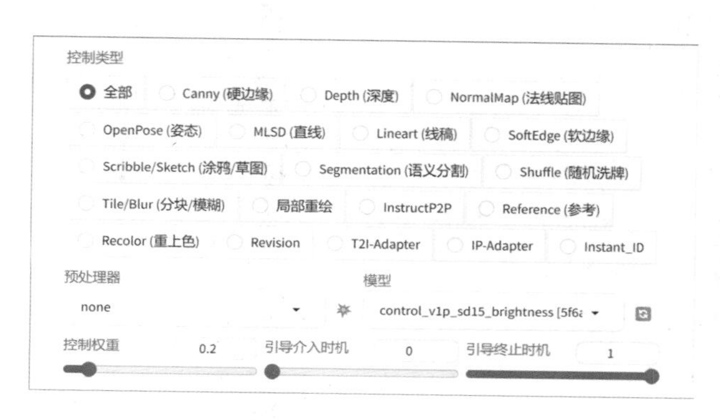

图3-54

图3-55

“控制权重”参数决定了文字融入背景画面的程度。当数值较小时，文字会以光影的形式融入；而数值较高时，文字会变成岩石、房屋、树木等实物，如图3-56所示。

控制权重=0.4

控制权重=0.6

图3-56

只需将颜色反转，文字即可成为生成图片上的亮部区域。

我们重新编写提示词，把背景修改成海洋，如图3-57所示。

图3-57

更换一张合适的文字图片，在“预处理器”下拉菜单中选择“invert（from white bg&black line）”，将“控制权重”参数设置为0.2，如图3-58所示。生成图片，效果如图3-59所示。

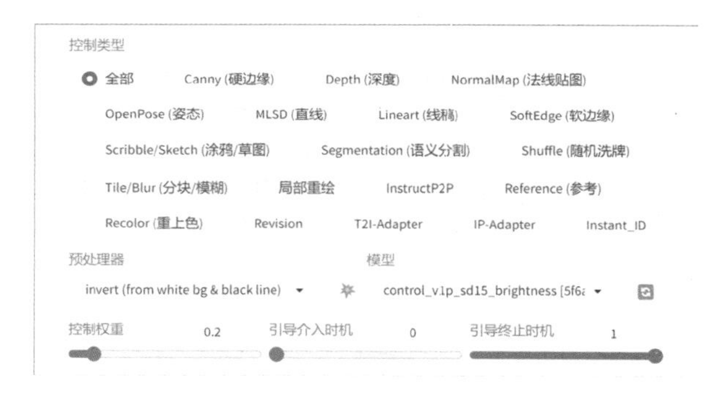

图3-58

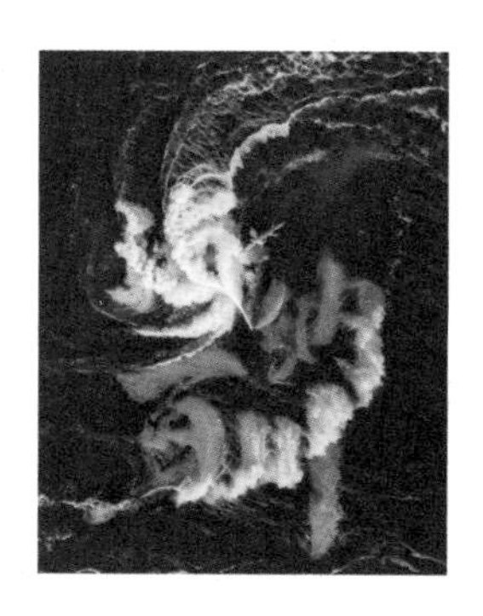

图3-59

我们还可以利用“引导介入时机”和“引导终止时机”参数进行微调，让文字更自然地融入背景中，如图3-60所示。

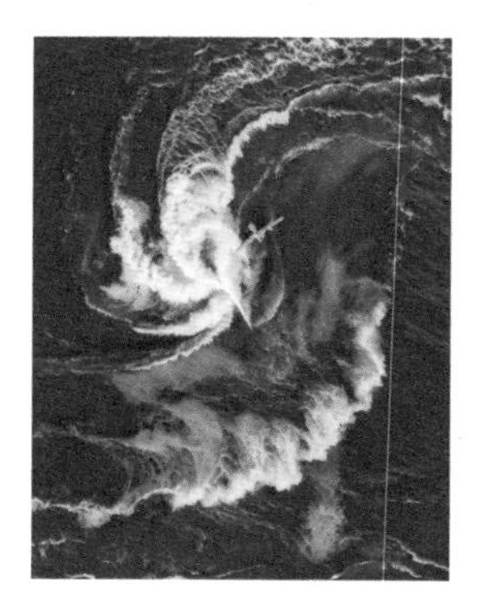

引导介入时机=0，引导终止时机=0.5

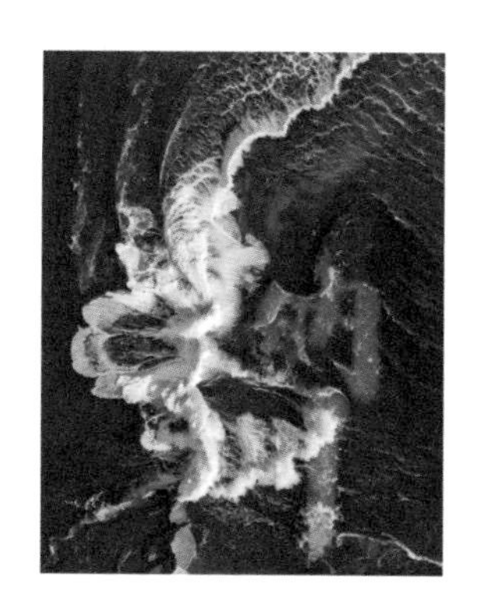

引导介入时机=0.1，引导终止时机=0.8

图3-60

Illumination模型的作用类似于Brightness，但相较之下，Illumination更适合引导光线，常用于生成墙壁上的光影、夜空中的烟花等效果。我们先生成一张星空的背景图片，如图3-61所示。

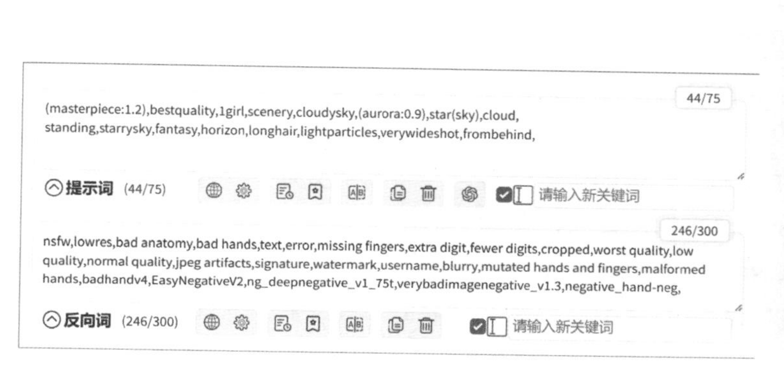

图3-61

在ControlNet中上传一张引导光线位置的图片。在“预处理器”下拉菜单中选择“invert（from white bg&black line）”，在“模型”下拉菜单中选择“control_v1p_sd15_illumination”，把“控制权重”参数设置为0.7，将“引导终止时机”参数设置为0.5，如图3-62所示。然后生成图片，其效果如图3-63所示。

控制类型
全部　Canny (硬边缘)　Depth (深度)　NormalMap (法线贴图)
OpenPose (姿态)　MLSD (直线)　Lineart (线稿)　SoftEdge (软边缘)
Scribble/Sketch (涂鸦/草图)　Segmentation (语义分割)　Shuffle (随机洗牌)
Tile/Blur (分块/模糊)　局部重绘　InstructP2P　Reference (参考)
Recolor (重上色)　Revision　T2I-Adapter　IP-Adapter　Instant_ID
预处理器　invert (from white bg & black line)
模型　control_v1p_sd15_illumination [0c
控制权重 0.7　引导介入时机 0　引导终止时机 0.5

图3-62

图3-63

3.6 图片的修复和改造

尽管可以用各种各样的插件辅助编写提示词，但是即使我们提供了非常明确的要求，用文字表达出自己想要的内容，AI也未必能够全部理解并生成我们所需的结果。本节将介绍几个模型，它们可以根据参考图来生成所需的图片，而不用编写复杂的提示词，甚至无须任何提示词。

Shuffle模型的作用是打乱参考图中的像素位置，并将其拆分成多个小块，然后重新随机排列这些小块，生成一个信息图。最后，用信息图上的线条、颜色、纹理等特征来引导图片的生成。例如，如果我们有一张科幻机甲的图片，想让AI画一张相同色调的作品，仅凭文字描述某种具体的颜色及氛围几乎是不可能的。在这种情况下，我们可以在ControlNet中上传这张参考图片，然后单击“Shuffle（随机洗牌）”单选按钮，如图3-64所示。

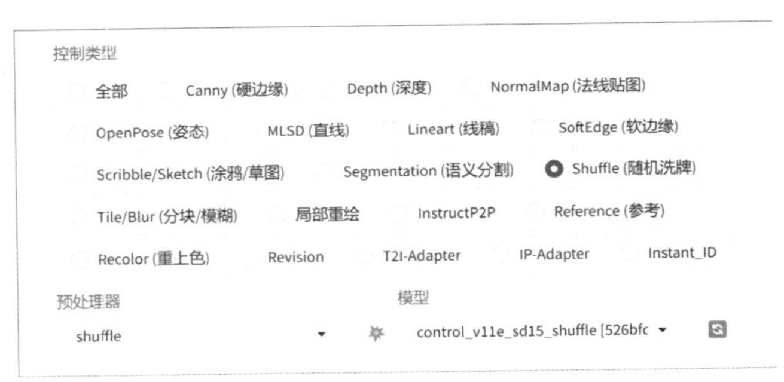

图3-64

现在无须考虑色彩和构图方面的提示词，只需输入画面中需要出现的内容，即可生成相同风格和色调的图片，如图3-65所示。

Revision模型的功能是对参考图进行分割，在分割图像的过程中提取参考图中的细节信息和特征。我们仍然使用相同的提示词，在ControlNet中单击“Revision”单选按钮，生成的图片如图3-66所示，从生成的图片中可以看到，Revision不仅还原了参考图的色调，而且还原了机甲的外观和细节。

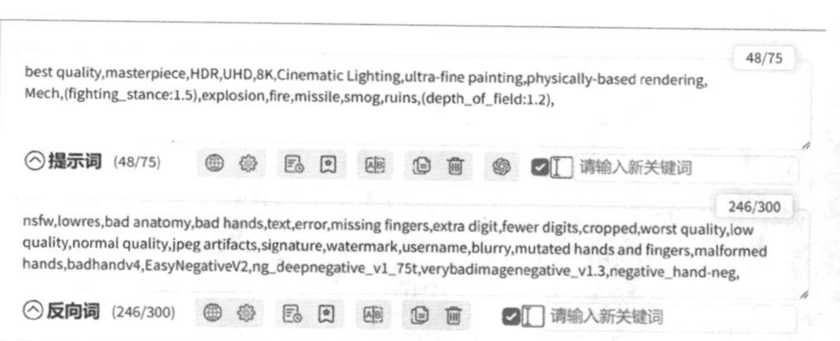

图3-65

Revision不需要控制模型，只用预处理器引导生成结果。

控制类型
全部　Canny (硬边缘)　Depth (深度)　NormalMap (法线贴图)
OpenPose (姿态)　MLSD (直线)　Lineart (线稿)　SoftEdge (软边缘)
Scribble/Sketch (涂鸦/草图)　Segmentation (语义分割)　Shuffle (随机洗牌)
Tile/Blur (分块/模糊)　局部重绘　InstructP2P　Reference (参考)
Recolor (重上色)　Revision　T2I-Adapter　IP-Adapter　Instant_ID
预处理器
revision_clipvision

图3-66

InstructP2P模型能够在不对原图做出大幅修改的情况下，修改参考图的内容。当我们使用机甲相关的提示词，并把模型切换为“InstructP2P”后，就能够通过提示词改变机甲所处的环境，如图3-67所示。

控制类型
全部　Canny (硬边缘)　Depth (深度)　NormalMap (法线贴图)
OpenPose (姿态)　MLSD (直线)　Lineart (线稿)　SoftEdge (软边缘)
Scribble/Sketch (涂鸦/草图)　Segmentation (语义分割)　Shuffle (随机洗牌)
Tile/Blur (分块/模糊)　局部重绘　InstructP2P　Reference (参考)
Recolor (重上色)　Revision　T2I-Adapter　IP-Adapter　Instant_ID
预处理器　模型
none　control_v11e_sd15_ip2p [c4bb465

图3-67

除了生成图片以外，该模型还能修改照片。在ControlNet中，我们上传一张人物照片作为参考图，然后单击“InstructP2P”单选按钮。在提示词中只输入“round eyewear”，就能给照片里的人物戴上眼镜，如图3-68所示。

图3-68

用Stable Diffusion画图时，经常会出现整体效果很好，但是手部、服装和背景的局部区域存在严重错误的问题。为了解决这个问题，局部重绘模型的作用就是修复出现问题的区域。首先，我们可以使用文生图功能生成一张角色图片，如图3-69所示。

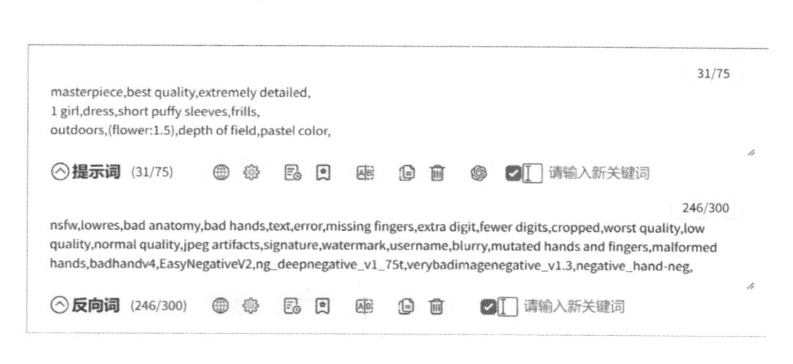

图3-69

在ControlNet中上传这张图片，然后单击“局部重绘”单选按钮。在“预处理器”下拉菜单中选择“inpaint_only+lama”。单击图像窗口右侧的按钮来调整笔刷大小，在手部画出需要修改的遮罩区域。接着再次生成图片，就会重画遮罩范围内的手指，如图3-70所示。AI画手一直是难以克服的技术缺陷，只能通过不断重绘来修复。

图3-70

我们还可以增大遮罩范围，然后通过提示词来改变角色的服装和动作，如图3-71所示。

图3-71

照片中的对象也可以通过使用局部重绘模型来移除，其效果比Photoshop的填充选区功能要好得多，如图3-72所示。

图3-72

Tile/Blur模型能够对参考图进行分块处理，在处理的过程中会忽略图片上原有的细节，并添加更多新的细节。我们在ControlNet中上传之前生成的机甲图片，然后单击“Tile/Blur（分块/模糊）”单选按钮，随后勾选“高分辨率修复”复选框，在“放大算法”下拉菜单中选择“4x-UltraSharp”，并将“重绘幅度”参数设置为0.6，如图3-73所示。

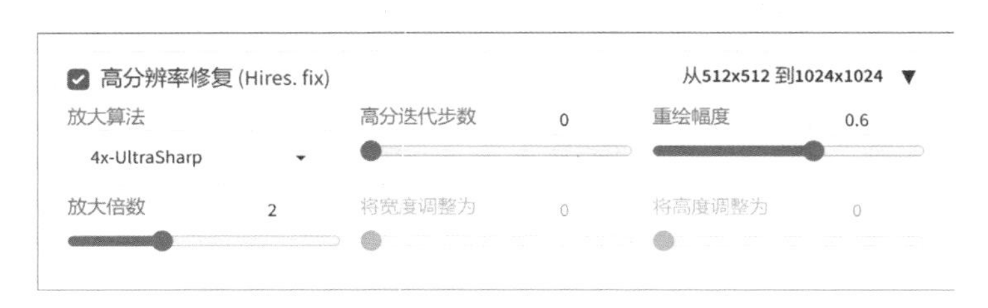

图3-73

生成的图片如图3-74所示，可以看到，在保持画面主体和构图不变的情况下，Tile/Blur模型不仅在参考图上添加了更多细节，同时还能修正原图中不合理的地方，使得图片变得更加精细、真实。

图3-74

Tile/Blur模型有4个预处理器：tile_resample在增加图片细节的同时会在一定程度上改变原图的颜色；tile_colorfix的作用是消除tile_resample的色差问题，生成和原图颜色一致的图片；tile_colorfix+sharp在tile_colorfix的基础上对原图进行锐化处理。在使用高分辨率修复或者在图生图中放大图片时使用这个预处理器，可以使图片的细节更清晰锐利。然而，不在放大图片时使用此选项可能导致产生过度锐化的效果，这3个预处理器的效果如图3-75所示。

tile_resample tile_colorfix tile_colorfix+sharp

图3-75

blur_gaussian能够在参考图上添加高斯模糊，主要用于生成景深效果，如图3-76所示。

图3-76

3.7 使用多重控制网络

ControlNet可折叠面板包含4个单元，也就是说，我们最多能让4个控制模型组成网络，从而共同影响生成结果。若需要使用更多模型，可以单击“设置”选项卡，然后在左侧的列表中单击“ControlNet”，根据需要设置“多重ControlNet：ControlNet单元数量”和“模型缓存数量”参数，最后单击上方的“保存设置”和“重载UI”按钮，如图3-77所示。

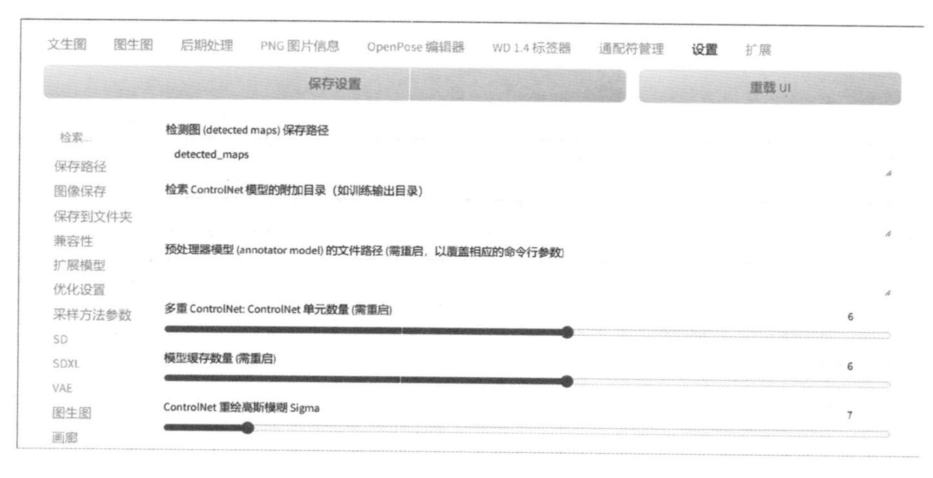

图3-77

下面通过两个实例复习前面使用过的ControlNet模型，并且学习多重控制网络的使用方法。第一个实例是，假设我们想要画一个带有底座的手办模型。首先选择适合的风格大模型，然后输入描述角色外貌和服饰的提示词。如果想要让模型具有塑料质感，可以不输入反向提示词，如图3-78所示。提高“总批次数”后生成图片，从中挑一张姿势最理想的图片，如图3-79所示。

图3-78

图3-79

在ControlNet里上传生成的图片，在“控制类型”选项组中单击“OpenPose（姿态）”单选按钮，在“预处理器”下拉菜单中选择“openpose”，效果如图3-80所示。这样角色的姿势就固定下来了。

再次生成图片，挑一张底座的形状和大小合适的图片。然后在“ControlNet单元1”里上传这张图片，单击“Scribble/Sketch（涂鸦/草图）”单选按钮，设置“控制权重”参数为0.8，如图3-81所示。

图3-80

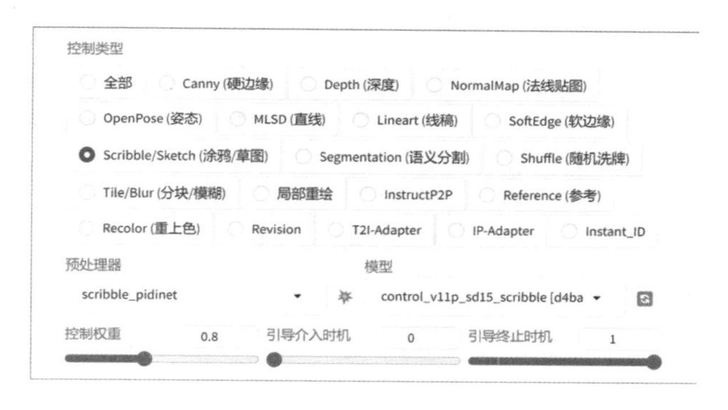

图3-81

接下来进行背景和服装的控制。在“ControlNet单元2”中上传一张西装的图片作为参考图，如图3-82所示。单击“Reference（参考）”单选按钮，把“控制权重”参数设置为0.4，如图3-83所示。

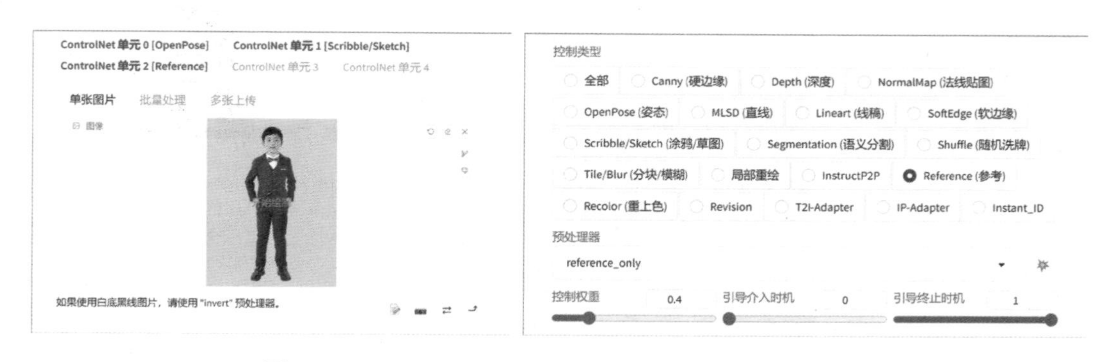

图3-82　　　　图3-83

继续在“ControlNet单元3”里上传西装参考图，单击“IP-Adapter”单选按钮，在

“模型”下拉菜单中选择“ip-adapter_sd15_plus”，把“控制权重”参数设置为0.4，如图3-84所示。现在角色的姿势和服装、底座的形状和背景颜色都设定好了。继续生成图片，挑选一张手指和服装细节都没有问题的图片，如图3-85所示。

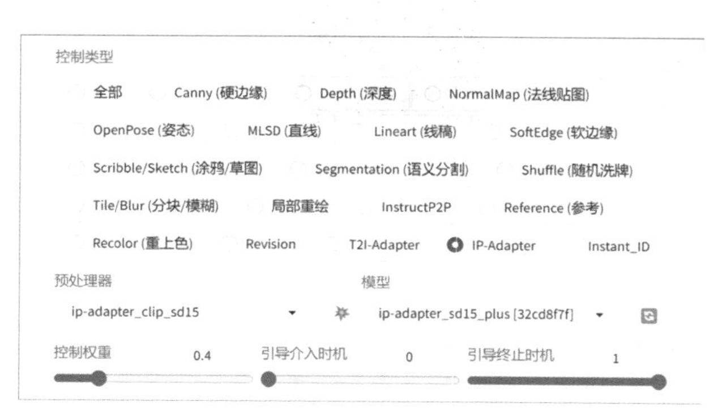

图3-84

图3-85

最后勾选“高分辨率修复”复选框，在“放大算法”下拉菜单中选择“R-ESRGAN4x+”，将“重绘幅度”参数设置为0.3，效果如图3-86所示。

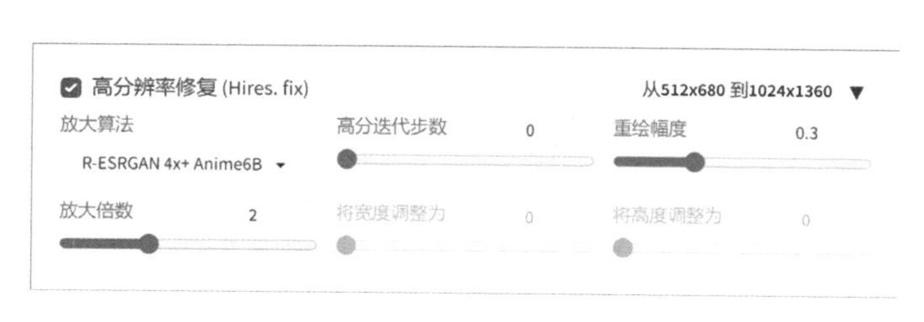

图3-86

现在制作第二个实例，在ControlNet可折叠面板中上传一张游戏手柄的照片。我们的目标是修改这个手柄的颜色，并将其改造成具有科幻风格的产品。勾选“完美像素模式”复选框后，在“控制类型”中单击“NormalMap（法线贴图）”单选按钮，如图3-87所示。

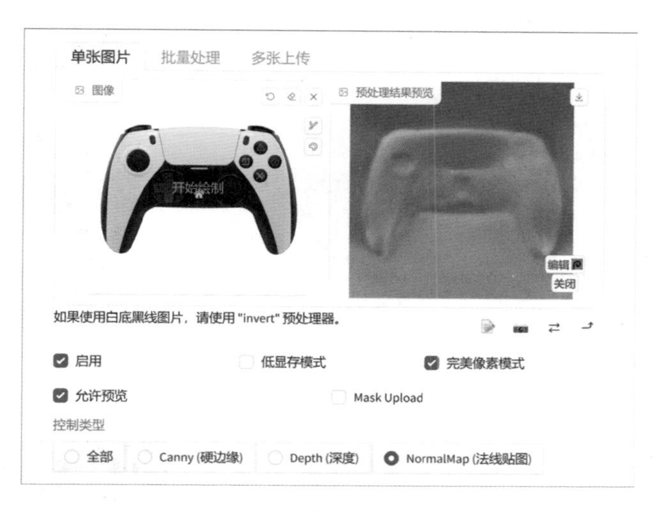

图3-87

先编写画风和背景提示词，然后输入“iron man\(series\)”，如图3-88所示。效果如图3-89所示，可以看到，AI不仅把钢铁侠的盔甲颜色应用到手柄上，还能够生成盔甲的细节构造。

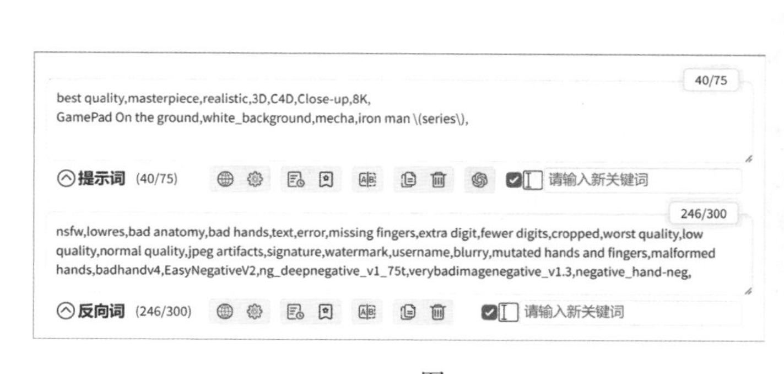

图3-88

图3-89

要想在手柄上添加更多细节，甚至想把手柄改造成机器人，最便捷的方法是下载几个机甲风格的Lora模型，然后尝试不同的搭配组合，如图3-90所示。

为了保持手柄原来的形状，我们需要使用一个约束轮廓的控制模型。单击“ControlNet单元1”，上传手柄图片后单击“Lineart（线稿）”单选按钮，在“预处理器”下拉菜单中选择“lineart_realistic”，将“控制权重”参数设置为1.1，如图3-91所示。再次生成图片，效果如图3-92所示。

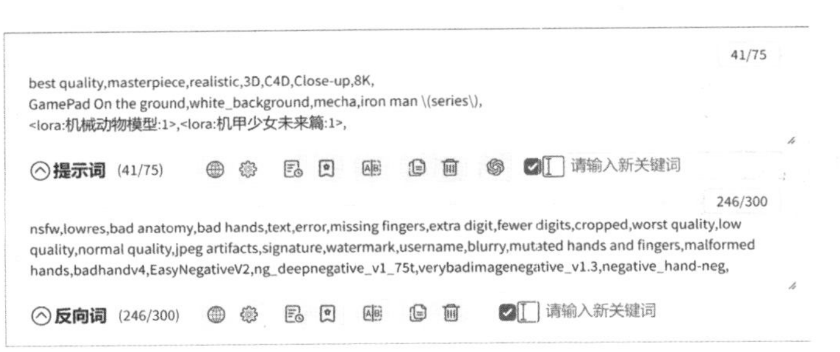

图3-90

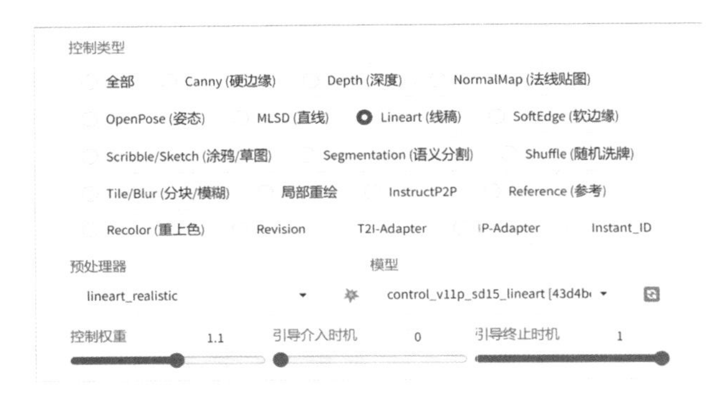

图3-91

图3-92

接下来我们修复手柄上的细节。单击“ControlNet单元0”，取消“启用”复选框的勾选，不让法线贴图生效。单击“ControlNet单元2”，上传生成的手柄图片后单击“Tile/Blur（分块/模糊）”单选按钮，在“预处理器”下拉菜单中选择“tile_colorfix”，如图3-93所示。

控制类型

全部　Canny (硬边缘)　Depth (深度)　NormalMap (法线贴图)

OpenPose (姿态)　MLSD (直线)　Lineart (线稿)　SoftEdge (软边缘)

Scribble/Sketch (涂鸦/草图)　Segmentation (语义分割)　Shuffle (随机洗牌)

Tile/Blur (分块/模糊)　局部重绘　InstructP2P　Reference (参考)

Recolor (重上色)　Revision　T2I-Adapter　IP-Adapter　Instant_ID

预处理器　模型

tile_colorfix　control_v11f1e_sd15_tile [a371b31]

图3-93

单击“ControlNet单元3”，上传手柄图片，单击“Reference（参考）”单选按钮，设置“控制权重”参数为2，如图3-94所示。单击“ControlNet单元1”，把Lineart的“控制权重”参数设置为0.8。

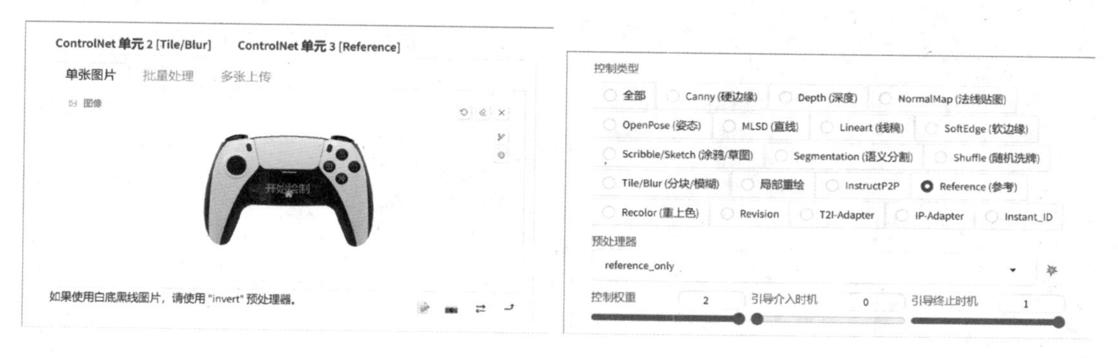

图3-94

勾选“高分辨率修复”复选框，在“放大算法”下拉菜单中选择“4x-UltraSharp”，把“重绘幅度”参数设置为1，如图3-95所示。继续把“迭代步数”参数设置为30。

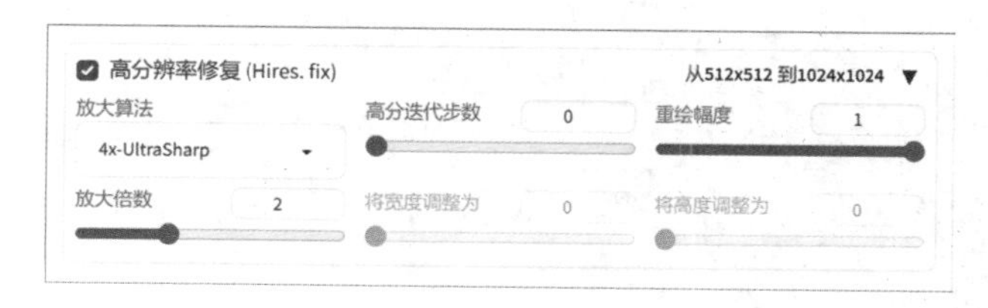

图3-95

在提示词里删除所有Lora模型以及描述机甲和钢铁侠的词组后生成图片，结果如图3-96所示。

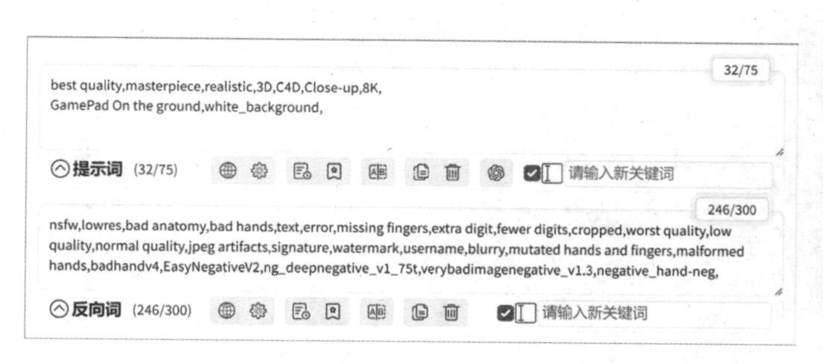

图3-96

第4章

Stable Diffusion进阶玩法

“文生图”只是AI绘图最基本的功能之一。随着各种新功能、新模型和新插件不断涌现，AI绘图的操作变得越来越简单，生成的图片越来越逼真，涵盖的领域也越来越广泛。本章将介绍Stable Diffusion中还有哪些新奇和实用的功能。

4.1 任意转换图片风格

在文生图中，我们通过文字描述想要的内容，然后从模型库中抽取符合描述的图片。然而，文字承载的信息量有限，即使编写了大段提示词并且调整了各种语法权重，也很难让AI准确理解。AI就算理解了，也未必能生成令人满意的图片，因此会导致大量时间都花费在反复尝试的过程中，俗称“抽卡”。

俗话说一图胜千言。图像本身承载了丰富的信息，包括角色、构图、配色等，因此AI无须理解画面的内容，只需从参考图中提取像素信息，然后将其作为特征向量映射到生成结果上，就能最大程度地还原，让生成的图像更加稳定和准确。图生图主要有三个作用：一是风格迁移，二是高清重绘，三是修复和放大。在本节中，我们将介绍如何使用图生图功能进行图片风格迁移。

单击WebUI上方的“图生图”选项卡，除了多出一个图像窗口外，其余的选项、参数和“文生图”没有太大区别。在图像窗口上单击，上传一张照片，如图4-1所示。我们的目标是把这张照片重绘成手绘风格的头像。

在“重绘尺寸”选项组中，单击◺按钮。根据参考图的分辨率设置生成图片的尺寸，锁定宽高比后将宽度设置为512，如图4-2所示。

图4-1

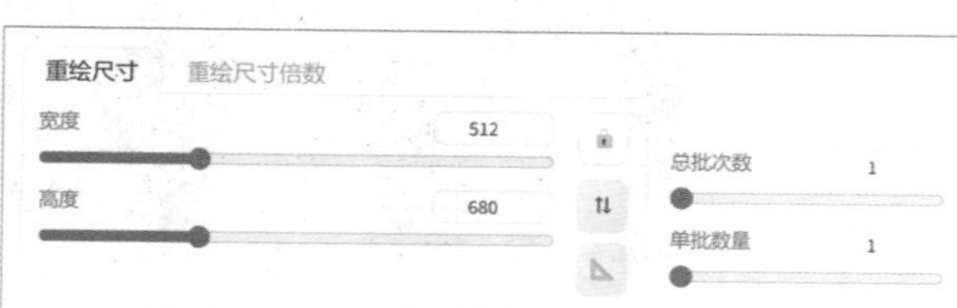

图4-2

接下来，使用不同风格的大模型分别生成图片，确保参考图中的人物、背景和动作都能得到还原，如图4-3所示。当前的生成结果可能比较粗糙，但这一步的主要目的是寻找满意的画风，并确定适合的大模型。

图4-3

“重绘幅度”是图生图中最重要的设置参数，它决定了参考图被重画的程度。通过图4-4可以看到，当“重绘幅度”参数值低于0.4时，重绘的图片只会发生细微变化；当数值在0.5到0.7之间时，重绘的图片逐渐迁移成大模型的风格；而当数值超过0.8以后，角色的面容和服饰开始偏离参考图。

图4-4

图生图实质上就是利用大模型重新绘制参考图。在这个过程中，仍然需要使用提示词，特别是画质提示词和反向提示词，以避免抽取到低画质的种子。单击“生成”按钮下方的📎和📦按钮可以根据参考图中的内容反推提示词。CLIP算法反推出来的是自然语言，偏向于描述图片包含的内容；而DeepBooru算法反推出来的是词组和短语，偏向于描述图片的分类，如图4-5所示。

DeepBooru算法

图4-5

由于反推模型损坏，一些用户单击这两个按钮后，会在提示词栏中出现错误提示，解决方法可以查看随书附赠素材中的说明文档。此外，我们也可以单击WebUI上方的“WD1.4标签器”选项卡，上传参考图后自动反推提示词，如图4-6所示。

图4-6

在“反推”下拉菜单中，一般选择速度较快的“wd14-vit-v2-git”模型，或者是精度比较高的“wd14-swinv2-v2-git”模型；“阈值”参数用来设置侦测图片特征的灵敏度，数值越小灵敏度越大，反推出来的提示词越多，如图4-7所示。

接下来，单击“发送到图生图”按钮，将提示词复制到“图生图”选项卡。在“生成”按钮下方的预设样式下拉菜单中选择“基础起手式”，然后单击📋按钮以载入提示词。随后，调整质量提示词和反向提示词的权重，并输入画风提示词，如图4-8所示。

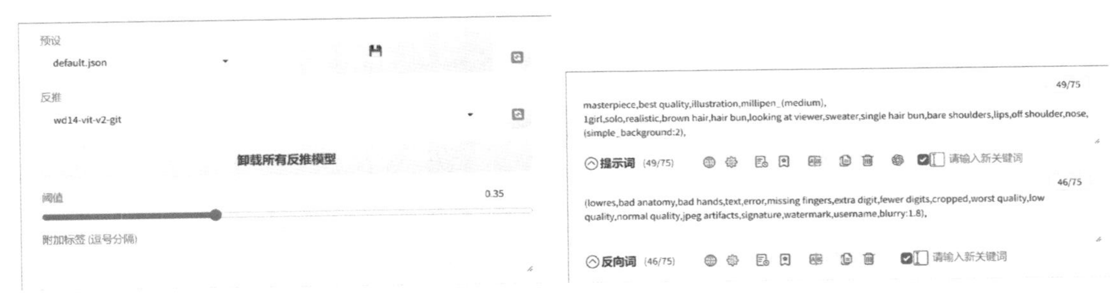

图4-7　　　　图4-8

单击“重绘尺寸倍数”选项卡，利用“尺度”参数提高生成结果的分辨率，如图4-9所示。然后生成图片，其效果如图4-10所示。

图4-9　　　　图4-10

希望生成结果更贴近原图时，可以展开“ControlNet”可折叠面板，勾选“启用”和“完美像素模式”复选框。在“控制类型”选项组中单击“Scribble/Sketch（涂鸦/草图）”单选按钮，把“控制权重”参数设置为0.5，如图4-11所示。

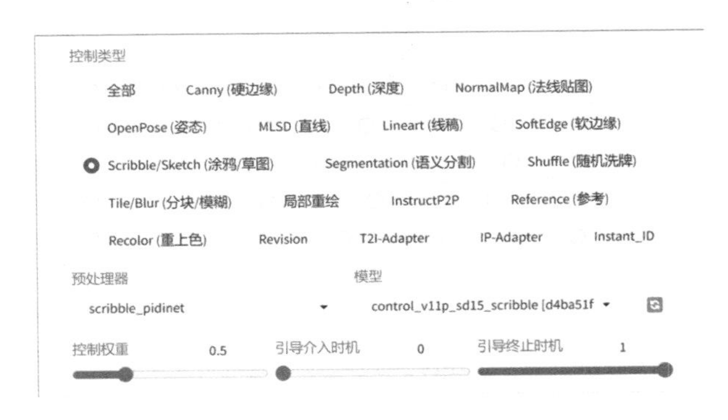

图4-11

继续在“ControlNet单元1”中勾选“启用”和“完美像素模式”复选框，然后单击“Depth（深度）”单选按钮。在“预处理器”下拉菜单中选择“depth_zoe”，如图4-12所示。再次生成图片，效果如图4-13所示。

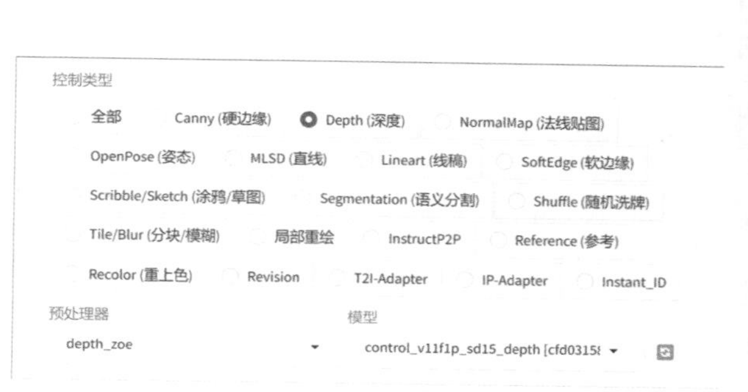

图4-12

图4-13

勾选模型上方的“Refiner”复选框。如果感觉手绘风格太强，可以在“模型”下拉菜单中选择一个具有真实感的大模型；如果感觉手绘风格太弱，可以选择卡通风格更强的大模型。这个选项相当于把两个大模型的效果融合到一起。而“切换时机”参数决定第二个大模型何时参与到生成图片的采样中，如图4-14所示。生成图片，效果如图4-15所示。

图4-14

图4-15

要将卡通图片转换成真人照片比较简单。首先上传图片，然后进行提示词反推；接着，输入常用的反向提示词，如图4-16所示。

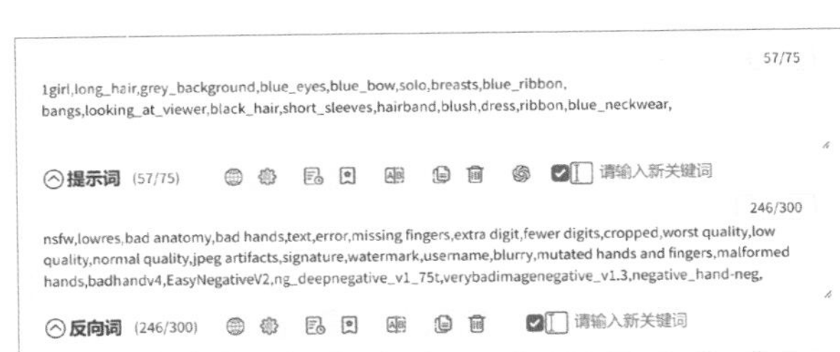

图4-16

选择一个真人风格大模型，然后将“重绘幅度”参数设置为0.6。根据参考图的宽高比设置重绘尺寸。接着，继续单击“重绘尺寸倍数”选项卡，将“尺度”参数设置为2，把生成尺寸放大1倍，如图4-17所示。然后生成图片，其效果如图4-18所示。

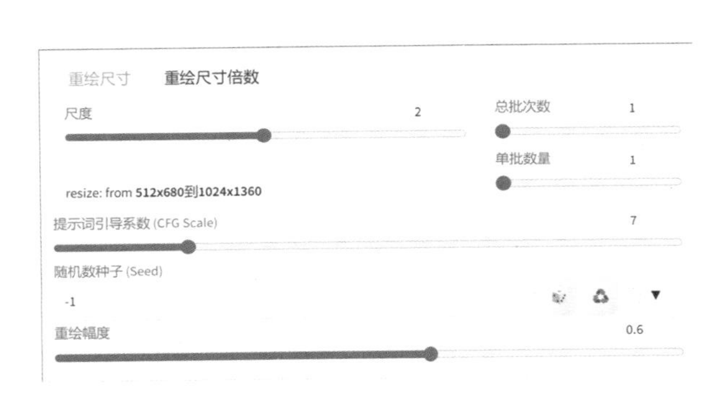

图4-17

图4-18

我们还可以使用SDXL Styles插件，一键切换任意画风。在WebUI界面上方单击“扩展”选项卡，然后继续单击“可下载”，再单击“加载扩展列表”按钮。在弹出的列表中搜索并安装“Style Selector for SDXL”插件，如图4-19所示。安装完成后单击“已安装”按钮，随后单击“应用更改并重启”按钮。

提示 Point out

卸载插件的方法是在绘世启动器中单击“版本管理”，然后单击上方的“扩展”选项卡，即可看到插件列表和卸载按钮。

已安装　可下载　从网址安装　备份/恢复

加载扩展列表　https://gitcode.net/rubble7343/sd-webui-extensions/raw/master/index.json

隐藏含有以下标签的扩展

脚本　localization　tab　dropdown　含广告　已安装　训练相关　模型相关　UI 界面相关　提示词相关　后期编辑　控制　线上服务　动画

排序

按发布日期倒序　按发布日期正序　按首字母正序　按首字母倒序　内部排序　按更新时间　按创建时间　按 Star 数量

Style Selector for SDXL

扩展	描述	操作
Style Selector for SDXL 1.0 提示词相关	a Automatic1111 Extension allows users to select and apply different styles to their inputs using SDXL 1.0. Update: 2024-01-18 Added: 2023-07-30 Created: 2023-07-28　stars: 345	安装

图4-19

接下来在图生图里上传参考图，在设置好重绘尺寸后，把“重绘幅度”参数设置为0.7。在正向提示词里只输入“1girl”。展开“SDXL Styles”可折叠面板，选择一种风格样式，如图4-20所示。

图4-20

SDXL Styles里集成了大量的风格样式，如图4-21所示。使用2.5D风格的大模型效果更好，重绘幅度越高，风格效果越明显。

漫画书　　奇幻艺术　　印象派　　超现实主义

图4-21

4.2 使用局部重绘功能

局部重绘、涂鸦和涂鸦重绘都是从图生图衍生出来的功能。图生图会把参考图全部重绘一遍，而局部重绘则只重绘参考图上的部分区域。与ControlNet中的局部重绘相似，图生图中的局部重绘主要用于修复生成结果中的错误部分。

首先，我们使用文生图功能生成一张角色图片，如图4-22所示。这张图片的角色和构图都十分理想，但手部存在严重的变形，脖子上的项链和T恤上的图案也需要修改。

图4-22

单击生成结果窗口下方的按钮，把图片和生成参数发送到“局部重绘”选项卡中。然后单击图像窗口右上角的按钮来调整笔刷大小，在双手位置画出代表重绘区域的遮罩，如图4-23所示。

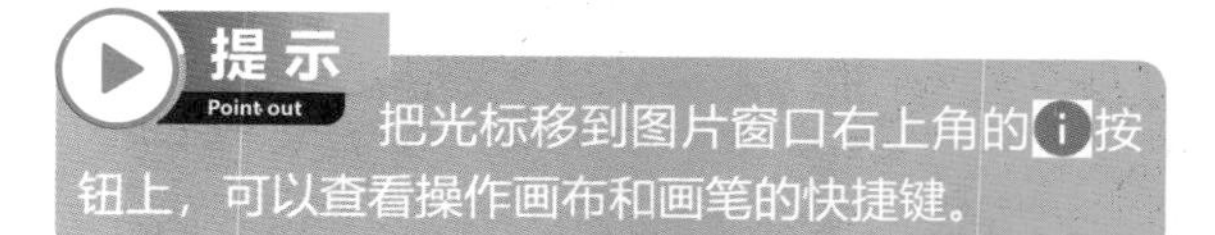

提示 Point out

把光标移到图片窗口右上角的按钮上，可以查看操作画布和画笔的快捷键。

图4-23

修复手部需要反复重绘，我们不能期待一次就得到完美的效果。当获得手部姿势合理的图片后，可以再次单击按钮，把结果发送到局部重绘窗口中，然后再对手指等细部进行重绘，如图4-24所示。

图4-24

单击按钮发送手部修复好的图片，然后用画笔在T恤的图案区域画出遮罩，再次生成图片，直到得到满意的图案为止，如图4-25所示。

图4-25

继续画出项链的遮罩，然后在反向提示词中输入“necklace”，生成图片后，项链就被去除了。现在图片中的缺陷基本修复完成，但细致观察时可以发现手部和脖子处存在色差和过渡不自然的地方，如图4-26所示。

图4-26

单击生成结果窗口下方的按钮，把图片发送到图生图选项卡中。然后单击“重绘尺寸倍数”选项卡，将“尺度”参数设置为2，并把“重绘幅度”参数设置为0.5，如图4-27所示。

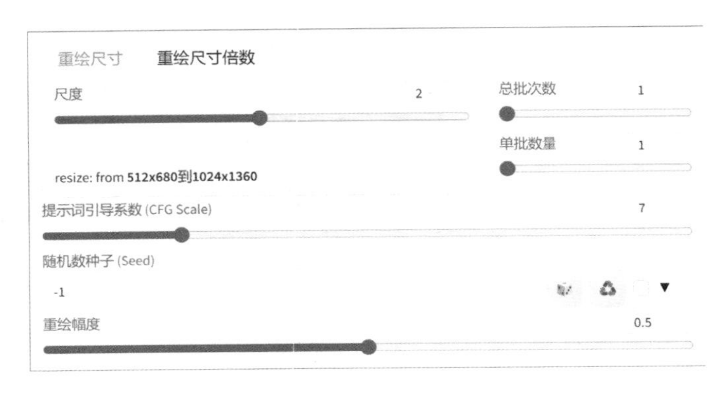

图4-27

展开“ControlNet”可折叠面板，勾选“启用”和“完美像素模式”复选框，然后单击“Tile/Blur（分块/模糊）”单选按钮。在“预处理器”下拉菜单中选择“tile_colorfix”，如图4-28所示。此时生成的图片足够精细了，效果如图4-29所示。

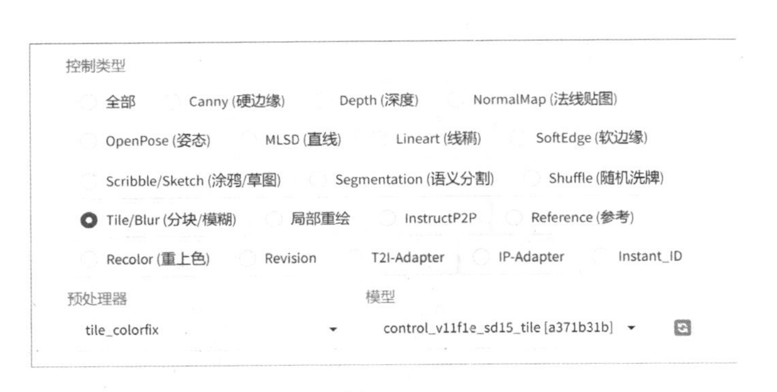

图4-28

图4-29

在WebUI中绘制蒙版可能会比较费力。当需要更换服装、头发颜色或者背景时，可以使用插件或者在Photoshop中精确绘制蒙版。展开“Segment Anything”可折叠面板，上传需要绘制遮罩的图片，在“SAM模型”下拉菜单中选择合适的模型。sam_hq_vit_h模型的抠图效果最精确，但对显卡的要求较高；sam_hq_vit_b模型对显卡的要求最低；sam_ hq_vit_l则介于以上两个模型之间，如图4-30所示。

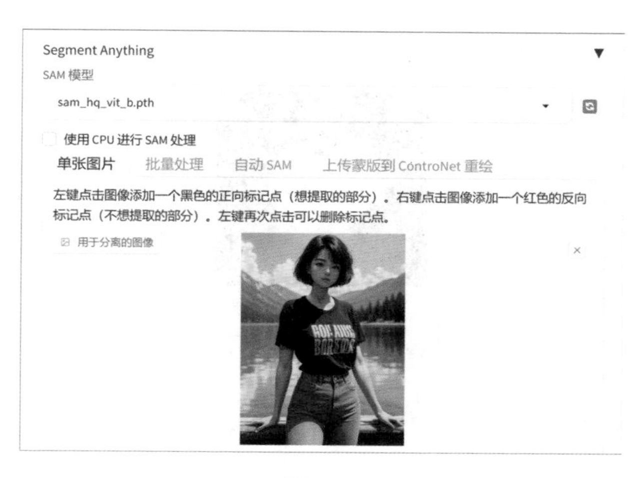

图4-30

在T恤上点几个黑点，表示遮罩范围，随后单击“预览分离结果”按钮，系统将显示出三组抠图结果，如图4-31所示。

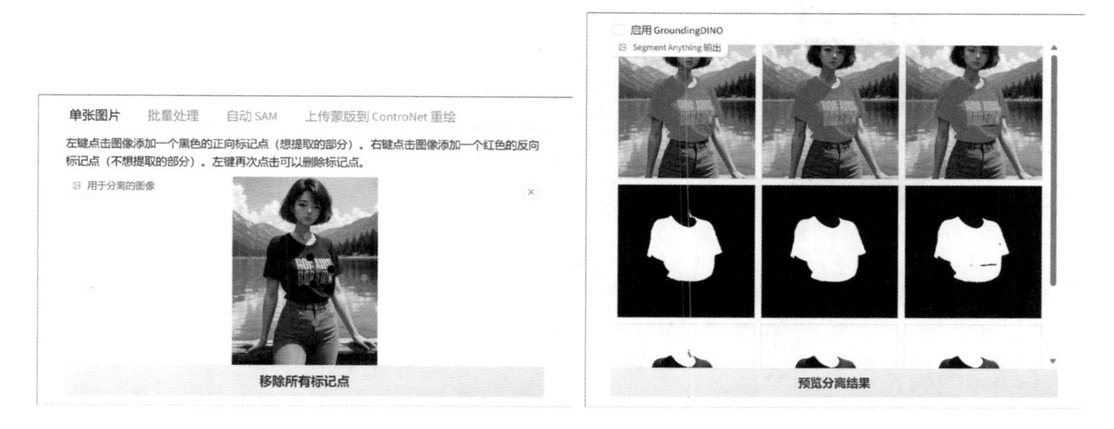

图4-31

如果三组结果中都存在未完全抠取的空心区域，可以选择一张效果相对更好的图片，然后勾选“展开蒙版设置”复选框，在增加“设定蒙版扩展量”参数值后，单击“更新蒙版”按钮，待得到满意的效果后，再单击⤓按钮保存遮罩图片，如图4-32所示。

图4-32

单击“上传重绘蒙版”选项卡，在上方的窗口中上传角色图片，在下方的窗口中上传蒙版图片。把“重绘幅度”参数设置为0.8，然后在提示词中输入所需更换的服装款式或颜色，如图4-33所示。

图4-33

在“重绘区域”选项组中，单击“整张图片”单选按钮，会在整个参考图的框架下重绘蒙版区域，非蒙版区域会有少量改变，其优点是与原图融合得更自然。而单击“仅蒙版区域”单选按钮，会把蒙版区域的尺寸提高到原图尺寸后重绘，其优点是重绘区域的细节更多。

由于蒙版区域的面积不固定，因此在重绘时AI不能准确判断像素填充密度。在这种情况下，需要利用“仅蒙版区域下边缘预留像素”参数，参考蒙版周围的像素密度进行填充。数值越大越接近参考图，如图4-34所示。

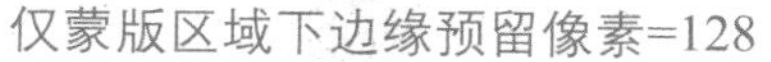

仅蒙版区域下边缘预留像素=128　　　仅蒙版区域下边缘预留像素=256

图4-34

在Segment Anything中勾选“启用GroundingDINO”复选框，只需在“GroundingDINO检测提示词”中输入英文单词，即可把图像中的对象分割出来。例如，若需要更换图片的背景，输入“people”后单击“预览分离结果”按钮，即可获得角色的遮罩。选择效果最好的蒙版ID号后，勾选“Copy to Inpaint Upload & img2img ControlNet Inpainting”复选框，最后单击“发送到重绘蒙版”按钮，如图4-35所示。

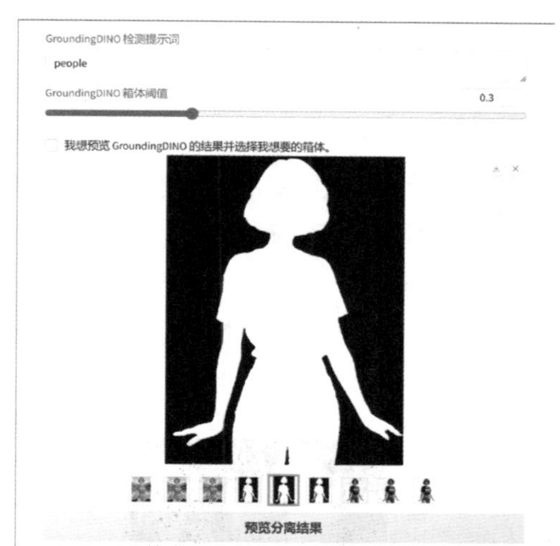

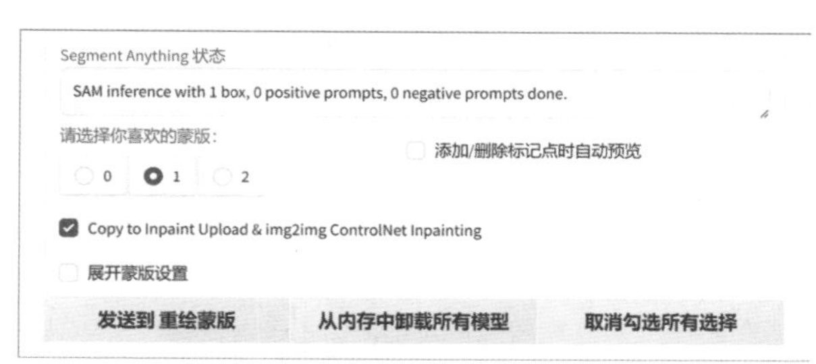

图4-35

现在不需要上传原图和遮罩图像，在“ControlNet”可折叠面板里单击“ControlNet单元1”，然后勾选“启用”和“完美像素模式”复选框。接着，单击“局部重绘”单选按钮，在“预处理器”下拉菜单中选择“inpaint_global_harmonious”，如图4-36所示。

无论如何设置，蒙版的边缘始终会留下重绘的痕迹。因此，最好采用比较低的分辨率进行修复。修复完毕后，将其发送到图生图中进行放大重绘，如图4-37所示。

Segment Anything里选择的蒙版ID号要和ControlNet的单元号相同。

图4-36

图4-37

4.3 涂鸦和涂鸦重绘

涂鸦重绘和局部重绘的区别在于，局部重绘的笔刷颜色仅起到蒙版的作用，用于确定哪些区域重绘，哪些区域不进行重绘；而涂鸦重绘的笔刷颜色不仅起到蒙版的作用，还能影响生成图片的颜色。接下来，通过一个实例来了解涂鸦重绘的流程和注意事项。在文生图中绘制一张角色图片，然后单击🖼按钮把生成的结果和提示词发送到“图生图”选项卡，如图4-38所示。

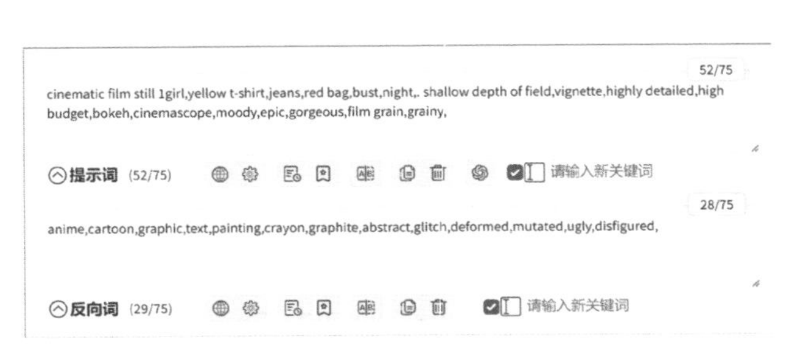

图4-38

> **提示** Point out
>
> 继续单击图像窗口下方的按钮就能把图片复制到“涂鸦重绘”选项卡中，但是这种方法很容易导致浏览器无响应或者无法显示图片。更加稳妥的方法是单击图像窗口右上角的×按钮关闭图生图中的图像，然后切换到“涂鸦重绘”选项卡，单击图像窗口，手动上传需要修改的图片。

AI画颜色一直是一个难以解决的问题。当描述比较多的颜色时，往往会出现颜色相互污染或者错误分配的问题。即使能够正确呈现，也难以区分深黄、浅黄等色度和色号。在实际操作中，单击🎨按钮选择所需的挎包颜色，按住Ctrl键后滚动鼠标中键以调整笔刷大小，以便画出挎包的遮罩。然后，选择T恤的颜色，按住Alt键后滚动鼠标中键以调整画布大小，这样就可以画出T恤的遮罩和T恤上的图案颜色，如图4-39所示。

图4-39

将“重绘幅度”参数设置为0.8。在“重绘区域”选项组中，单击“仅蒙版区域”单选按钮，并将“仅蒙版区域下边缘预留像素”参数设置为64，如图4-40所示。随后，增加“总批次数”，接着生成图片，在生成的图片中挑选一张满意的图片，如图4-41所示。

蒙版边缘模糊度 4　蒙版透明度 0
蒙版模式
重绘蒙版内容　重绘非蒙版内容
蒙版区域内容处理
填充　原版　潜空间噪声　空白潜空间
重绘区域
整张图片　仅蒙版区域
仅蒙版区域下边缘预留像素 64

图4-40

图4-41

单击按钮把生成结果发送到“图生图”选项卡，在“重绘尺寸倍数”选项卡中把“尺度”参数设置为2，并把“重绘幅度”参数设置为0.5，如图4-42所示。接着对图片进行二次修复，修复后的结果如图4-43所示。

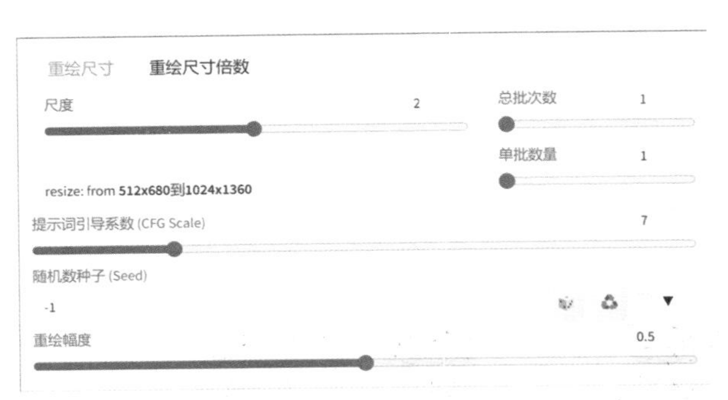

图4-42

图4-43

涂鸦重绘还可以修复手部。上传一张手部有问题的图片后，单击按钮，接着单击颜色框，然后单击按钮，在背景上吸取颜色，如图4-44所示。

把有问题的手指全部涂抹上背景色，然后吸取手指的颜色，重新画上正确的手指。把“重绘幅度”参数设置为0.5，生成图片以获得具有正确手部的图片。接下来把生成结果发送到图生图中，进一步重绘，结果如图4-45所示。

图4-44

图4-45

涂鸦重绘是针对蒙版区域内的画面进行重新绘制，而涂鸦重画则是对整个图片进行绘制。涂鸦有两种使用方法，第一种与涂鸦重绘相似，例如，若我们希望已修复好手部的人物戴上口罩，可以使用蓝色画笔在角色的面部画上遮罩。在提示词中输入“mouth mask”，然后把“重绘幅度”设置为0.5，生成的结果如图4-46所示。

提示 Point out

绘制遮罩时可以按S键以全屏显示画布，按R键则恢复正常窗口大小，按Ctrl+Z快捷键可撤销上一步的操作。

图4-46

第二种方法是随便上传一张图片，选择一种颜色后，用画笔将整个画布涂满。接下来，使用不同颜色的画笔勾勒出想要对象的大致形状，再把“重绘幅度”设置为0.7，并输入描述对象的提示词。这样就能根据遮罩的颜色和形状生成内容，如图4-47所示。

图4-47

在图生图中重画并放大图片可以解决遮罩区域和原图的融合问题，但是重绘的质量不高。要想得到更精细的效果，可以在文生图中展开“ControlNet”可折叠面板，上传生成的图片后单击“Tile/Blur（分块/模糊）”单选按钮，接下来开启高分辨率修复。在“放大算法”下拉菜单中选择“4x-UltraSharp”，将“放大倍数”参数设置为2，并把“重绘幅度”参数设置为0.5，如图4-48所示。然后生成图片，其效果如图4-49所示。

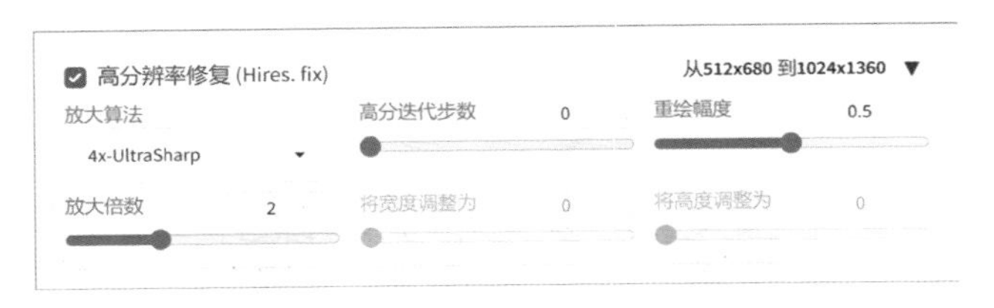

图4-48

图4-49

4.4 超分辨率放大图片

现在的AI已经能够画出非常逼真的图片了，但是用户仍然困扰于生成尺寸太小的问题。即使配备了RTX 4080、4090这样的高端显卡，直接生成高分辨率图片时依旧会出现多人和多手多脚的现象。为了解决这个问题，出现了许多高清放大插件。利用这些插件，即便是使用普通性能的显卡也能生成4K甚至是8K分辨率的图片。

高清放大插件的种类很多，它们放大图片的原理和适用范围也不尽相同。我们可以先从相对简单的任务开始，比如处理卡通图片。把生成尺寸设置为512×680像素，只输入提示词“1girl”，展开“SDXL Styles”可折叠面板，随后单击“Anime（动漫）”单选按钮，就能快速得到一张卡通图片，如图4-50所示。

图4-50

这个分辨率的卡通图片虽然不算粗糙，但也谈不上精细。提高图片精细度最常见的方法是锁定种子后勾选“高分辨率修复”复选框，在“放大算法”下拉菜单中选择“R-ESRGAN4x+Anime6B”，将“重绘幅度”参数设置为0.6，并把“放大倍数”参数设置为2，如图4-51所示。

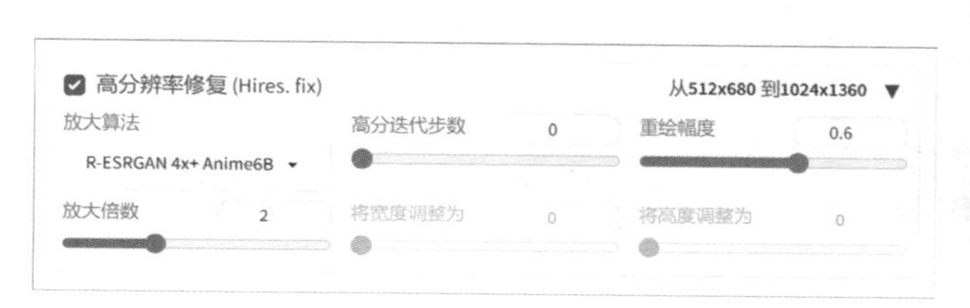

图4-51

如果我们想进一步提高图片尺寸，仅仅增加“放大倍数”参数是不可取的。这样做不但会大幅增加计算时间，而且很容易导致显存不足而停止图片的生成。即使拥有足够容量的显存，生成图片的画质也不会像第一次放大那样有显著的提升。

解决方法是，单击生成结果窗口下方的按钮把图片发送到“后期处理”选项卡。在该选项中，将“缩放比例”参数设置为4。在“放大算法1”下拉菜单中选择“R-ESRGAN 4x+Anime6B”，在“放大算法2”下拉菜单中选择“4x-UltraSharp”，并将“放大算法2强度”参数设置为0.4，如图4-52所示。这样可以用两种不同的算法放大图片，然后将它们叠加在一起。

图4-52

在旧版本的WebUI中，“后期处理”选项卡被翻译成“附加功能”。

单击“生成”按钮，很快就能把1024×1360像素的图片放大到4096×5440像素，而且不用担心显存不足的问题。通过图4-53可以看到，经过二次放大后，图片的分辨率和画质一次比一次高。

原图　　一次放大　　二次放大

图4-53

GFPGAN和CodeFormer是两种算法，用于从严重模糊的图片中恢复人脸细节。可根据图片的实际情况从这两种算法中选择其一，如图4-54所示。

原图　　GFPGAN算法　　CodeFormer算法

图4-54

后期处理的放大算法不会改变原图的内容。如果想在放大图片时添加更多细节，可以采取以下方法：修改提示词生成一张写实风格的图片，如图4-55所示。然后单击按钮把图片和提示词发送到图生图中。展开“ControlNet”可折叠面板，勾选“启用”和“完美像素模式”复选框，单击“Tile/Blur（分块/模糊）”单选按钮，在“预处理器”下拉菜单中选择“tile_colorfix”，如图4-56所示。

图4-55

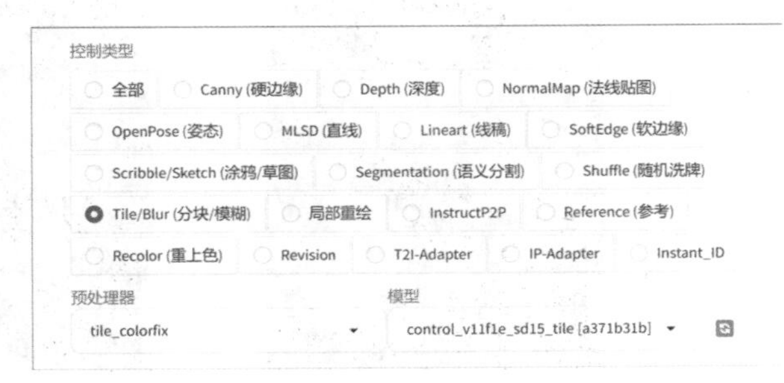

图4-56

直接把“重绘尺寸倍数”设置为4，接着生成图片，显存为16GB以下的显卡基本都会报错。在这种情况下，我们可以在页面最下方的“脚本”下拉菜单中选择“SD upscale”，在“放大算法”选项组中选择“R-ESRGAN 4x+”，并把“放大倍数”参数设置为4，如图4-57所示。

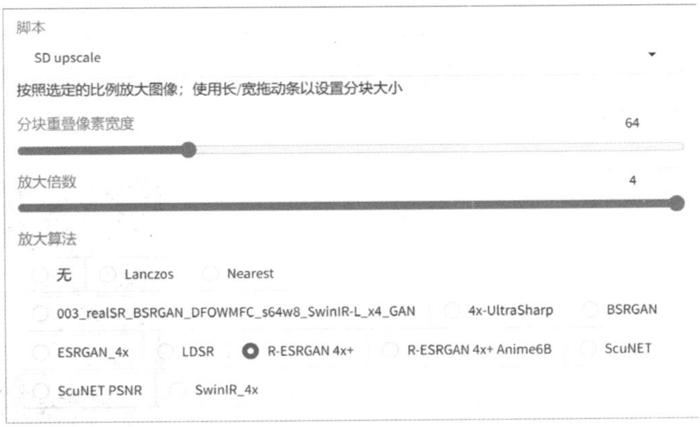

脚本
SD upscale
按照选定的比例放大图像；使用长/宽拖动条以设置分块大小
分块重叠像素宽度　64
放大倍数　4
放大算法
无　Lanczos　Nearest
003_realSR_BSRGAN_DFOWMFC_s64w8_SwinIR-L_x4_GAN　4x-UltraSharp　BSRGAN
ESRGAN_4x　LDSR　R-ESRGAN 4x+　R-ESRGAN 4x+ Anime6B　ScuNET
ScuNET PSNR　SwinIR_4x

图4-57

SD upscale脚本的工作原理是把完整的图片分割成若干个小块，然后逐个重绘。由于每次重绘的尺寸都很小，因此不用担心显存溢出的问题。使用该脚本时，必须与ControlNet的tile模型配合使用，否则随着分辨率的提升，每个分块中都会出现提示词描述的对象。

此外，我们也可以使用Ultimate SD upscale脚本放大图片。这两个脚本的工作原理相同，但相比之下，Ultimate SD upscale的效果更细腻一些。然而，它可能会导致分块的色差和分割处的接缝也更加明显，如图4-58所示。

SD upscale

Ultimate SD upscale

图4-58

不管是后期处理还是图生图，画质都没有文生图中的高分辨率修复好。之所以不直接采用高分辨率修复并放大4倍，一方面是因为它的速度比较慢，另一方面是因为显存不足（最主要的原因）。

如果对画质有很高的要求或者频繁遭遇显存溢出报错时，可以使用Tiled Diffusion插件来解决显存不足的问题。在文生图中生成一张图片后，先采用高分辨率修复把图片放大1倍，如图4-59所示。

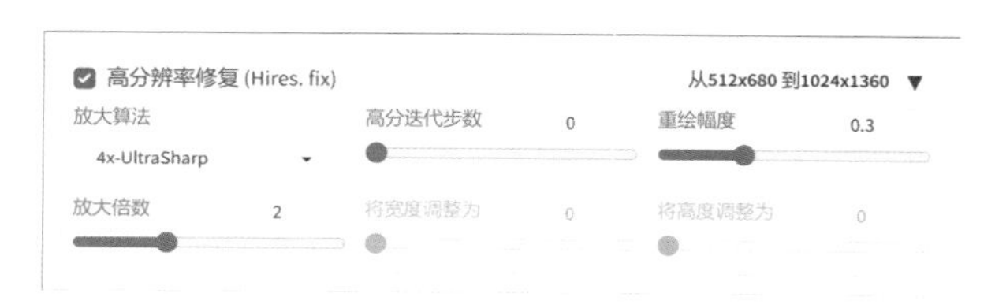

图4-59

展开“ControlNet”可折叠面板，勾选“启用”和“完美像素模式”复选框，单击“Tile/Blur（分块/模糊）”单选按钮，把“控制权重”参数设置为0.4。接着，展开“Tiled Diffusion”可折叠面板，勾选“启用Tiled Diffusion”复选框，如图4-60所示。这个插件同样是把整张图片分成若干个小块后逐个重绘，但它最终生成的图片基本没有色差和接缝，效果优于SD upscale和Ultimate SD upscale脚本。

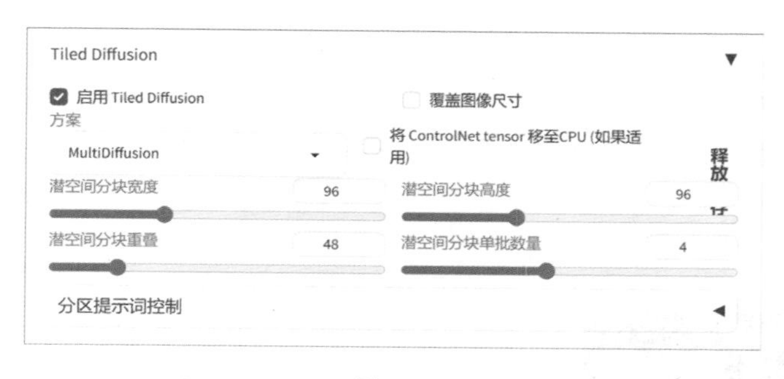

图4-60

继续展开“Tiled VAE”可折叠面板，勾选“启用Tiled VAE”复选框，如图4-61所示。这个插件在编解码的过程中进行分块处理，进一步降低了显存的占用。

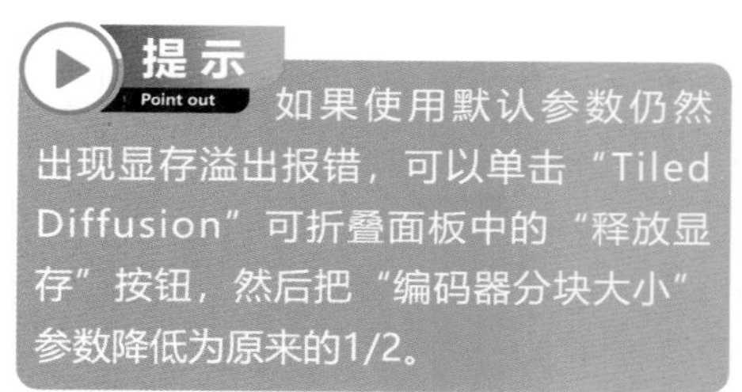

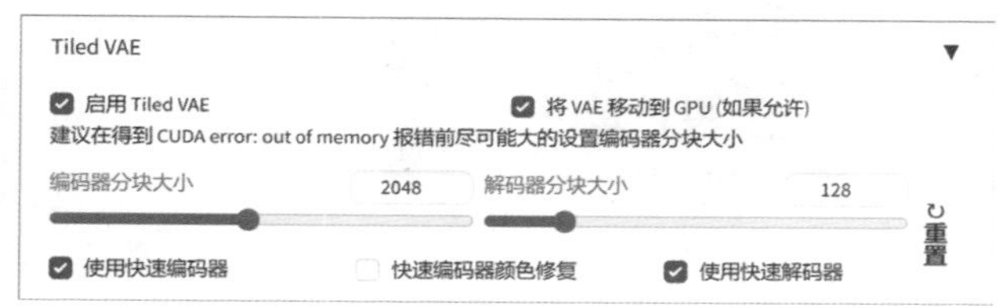

图4-61

开启高分辨率修复，在“放大算法”下拉菜单中选择“R-ESRGAN 4x+”算法，把“放大倍数”参数设置为4，并把“重绘幅度”参数设置为0.4，如图4-62所示。然后生成图片，尽管计算速度很慢，但可以获得清晰又干净的高分辨率图片，如图4-63所示。

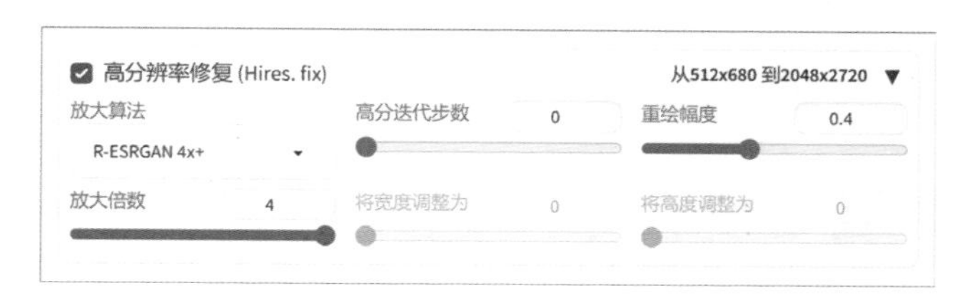

图4-62

图4-63

Stable SR是目前效果最好的超分辨率放大模型。在使用这个模型之前，请仔细阅读本书附赠素材中的说明文档，并正确安装所需的各种模型文件。在文生图中生成一张图片后，请发送到图生图中；或者直接在图生图中上传需要放大的图片，在“脚本”下拉菜单中选择“StableSR”，然后在“SR模型”下拉菜单中选择“stablesr_webui_sd-v2-1-512-ema-000117.ckpt”，如图4-64所示。

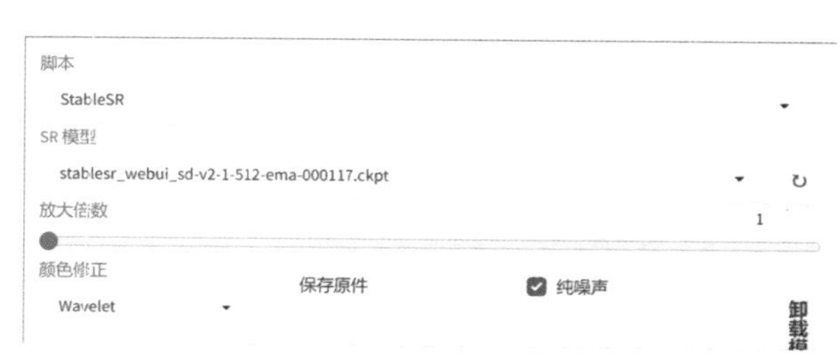

图4-64

根据需要设置“放大倍数”参数，然后勾选“保存原件”复选框。把采样方法设置为“Euler a”，并将“提示词引导系数”设置为1，如图4-65所示。

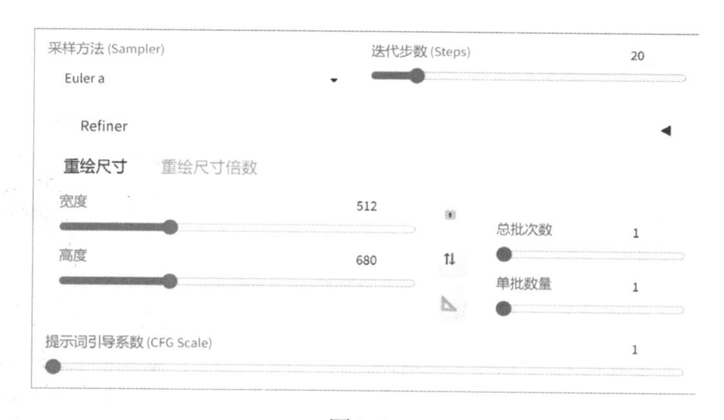

图4-65

这个算法对显存的要求较高，因此需要开启“Tiled Diffusion”和“Tiled VAE”插件。把大模型切换成“v2-1_512-ema-pruned”之后生成图片，效果如图4-66所示。

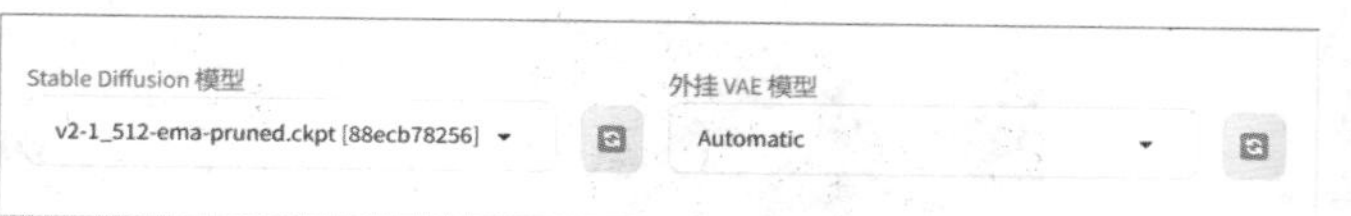

图4-66

如果觉得放大后的图片锐化程度过高，可以在“脚本”可折叠面板中取消对“纯噪声”复选框的勾选，然后把“重绘幅度”参数设置为1。需要注意的是，不能把重绘幅度参数设置得太小，否则放大后的图片上会出现大量噪点，如图4-67所示。

重绘幅度=1

重绘幅度=0.8

重绘幅度=0.6

图4-67

4.5 小显存运行SDXL

SDXL是继SD1.5和SD 2.1之后最新发布的大模型，其参数总量达到了百亿级别，被誉为最强的开源图像生成大模型。相较于目前应用最广泛的SD1.5大模型，SDXL主要具有以下四个方面的优势。

首先，SDXL能够直接生成高分辨率的图片。相比之下，SD1.5版的大模型通常是使用512×512像素的图片训练而来的，因此，若生成高于这个分辨率的图片，AI会将多张图片拼接到一起。而SDXL模型则是使用1024×1024像素的图片训练而来的，因此我们不用一级一级地修复、放大，就可以直接获得照片级别的高清图片，如图4-68所示。

图4-68

其次，SDXL提升了识别自然语言的能力，大多数时候可以直接用句子描述想要的内容和画风。例如，我们仅输入“Say hello to a boy and a girl,realistic”，不编写任何画质提示词和反向提示词，就能得到符合描述的高画质图片，如图4-69所示。

图4-69

再次，用SDXL生成图片时，只需在提示词中输入“3D Model”“Line Art”这样的艺术形式描述词，就能获得对应画风的图片，如图4-70所示。这就意味着我们不需要下载大量不同画风的Lora模型，从而使生成图片的过程更加轻松。

1boy, 3D Model　　1boy, Line Art　　1boy,Flat Papercut

图4-70

最后，也是最为重要的一点，在之前所有的版本中，绘制手部一直是令用户头痛的难题。尽管出现了各种插件和修复手段，但问题仍然没有得到根本性的解决。然而，在SDXL中，虽然还不能百分之一百地画出完美的手部，但错误发生的概率已经大幅降低，特别严重的畸形手部基本不会再出现了，如图4-71所示。

图4-71

当然，目前的SDXL模型也存在一些问题，这些问题影响了SDXL的广泛普及，至少在短时间内还无法完全取代SD1.5模型。首先是对计算机的配置要求进一步提高了，特别是对显存容量的要求。对于SD1.5来说，8GB显存的配置已经足以流畅生成图片并能对图片进行高清放大，然而在SDXL中，要想流畅出图，显存容量的最低配置要求是12GB。

其次是兼容性的问题。要想使用SDXL模型，需要使用相同版本的Lora模型和VAE模型，并且ControlNet也需要下载安装对应版本的预处理器和控制模型。同时存在两套版本，不仅增加了初学者的学习难度，各种大体量的模型对存储空间也是不小的挑战。

这些问题确实影响了显存容量较少的用户的使用体验，但我们仍然可以通过一些方法对Stable Diffusion和模型进行优化，以使12GB甚至只有8GB显存的用户也能使用SDXL。通过Stable Diffusion WebUI启动器默认的设置进入WebUI，载入一个SDXL大模型。在Windows的任务管理器的“性能”选项中，可以看到模型全部被加载到专用GPU内存中，即显存中，如图4-72所示。

CPU
2% 3.83 GHz
内存
7.7/31.9 GB (24%)
磁盘 0 (E: F: G:)
HDD
0%
磁盘 1 (C: D:)
SSD
0%
以太网
以太网
发送: 0 接收: 0 Kbps
GPU 0
NVIDIA GeForce RTX 3
1% (48 °C)
专用 GPU 内存利用率 12.0 GB
共享 GPU 内存利用率 15.9 GB
利用率 1%
专用 GPU 内存 7.7/12.0 GB
GPU 内存 7.9/27.9 GB
共享 GPU 内存 0.2/15.9 GB
GPU 温度 48 °C
驱动程序版本: 31.0.15.4665
驱动程序日期: 2024/1/12
DirectX 版本: 12 (FL 12.1)
物理位置: PCI 总线 11、设备 0、功能 0
为硬件保留的内存: 159 MB

图4-72

在Stable Diffusion WebUI启动器中终止进程后，单击“高级选项”，在“显存优化”下拉菜单中选择“仅SDXL中等显存（8GB以上）”，并开启“使用共享显存”和“Channels-Last内存格式优化”，如图4-73所示。

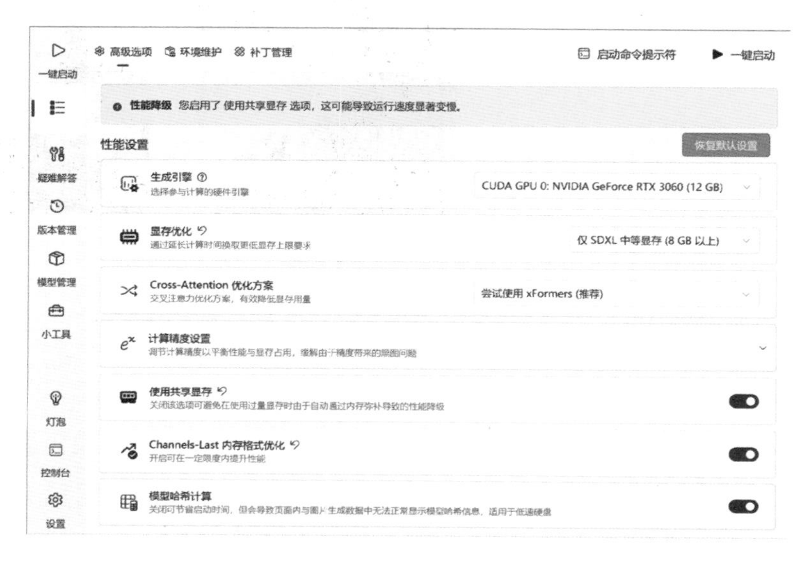

图4-73

重新运行后，在WebUI中单击“设置”选项卡，在左侧的列表中单击“SD”选项，把“Stable Diffusion模型可同时加载的最大数量”设置为1，然后勾选“仅保留一个模型在显存中”复选框，如图4-74所示。

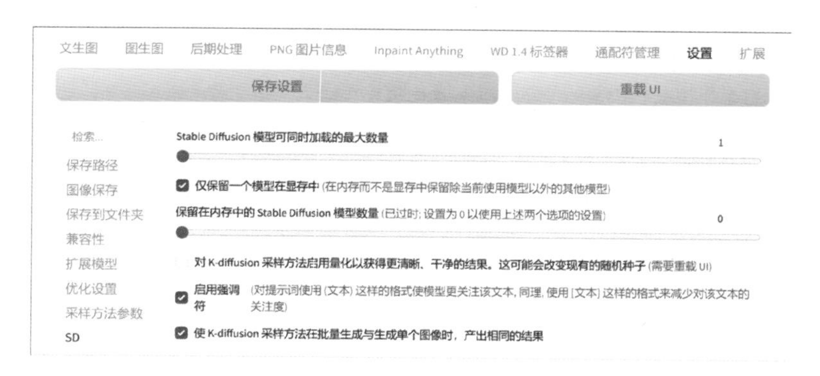

图4-74

单击“保存设置”按钮后，再单击“重载UI”按钮。从任务管理器中可以看到，显存的占用量已经从8GB左右下降到不到3GB，但内存的占用增加了1倍，如图4-75所示。

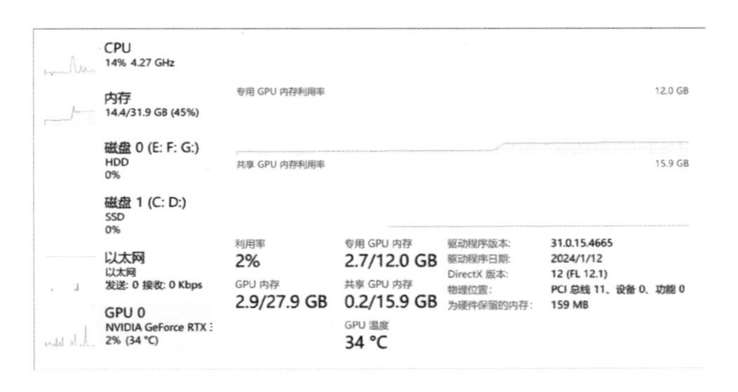

图4-75

前面的所有设置实际上是把大模型从显存搬到了内存中，当显存被完全占用时，一部分对显存的需求也会转移到从内存划分出来的共享GPU内存中。因为共享GPU内存（源于系统内存）的数据吞吐速度没有显存的数据吞吐速度快，所以这种转移会降低生成图片的速度。无论如何，现在显存容量少的显卡也能够使用SDXL模型来生成图片了。在下一节中，将介绍加速SDXL模型的方法，以比SD1.5模型更短的时间来生成高画质的图片。

4.6 加速SDXL大模型

目前比较常用的 SDXL加速方法有三种。第一种是使用TensorRT插件，该插件是NVIDIA推出的一种模型部署方案，对于拥有8GB及以上显存容量的NVIDIA显卡用户，只需把驱动程序更新到537.58版本及以后版本，就可以在WebUI中单击“扩展”选项卡，搜索并安装TensorRT插件，如图4-76所示。

图4-76

安装完成后，重启Stable Diffusion WebUI，在“Stable Diffusion模型”下拉菜单中选择需要加速的SDXL大模型，接着单击“TensorRT导出”选项卡，在“预设”下拉菜单中选择一种优化引擎，如图4-77所示。

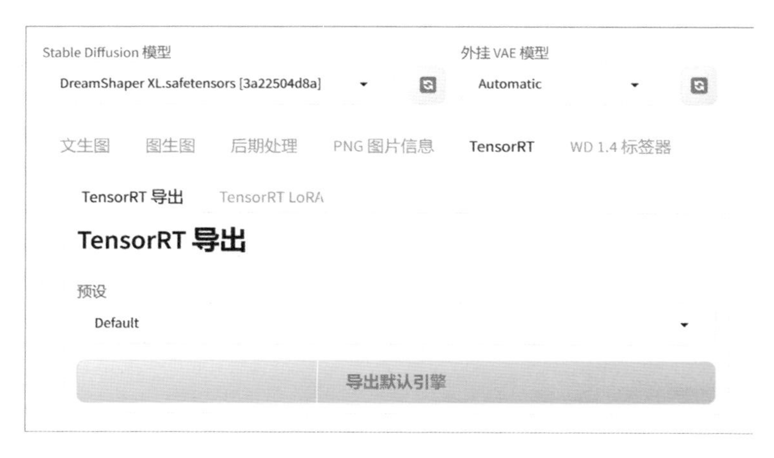

图4-77

引擎名称后面带有“Static”的表示静态引擎，例如“1024x1024| Batch Size 1 (Static)”表示这个引擎只能生成尺寸为1024×1024像素的图片，并且每批次只能生成一张图片。在“高级设置”可折叠面板中，我们可以自定义这个引擎的生成尺寸和单批次生成的图片数量，如图4-78所示。

图4-78

引擎名称里有“Batch”的是动态引擎。这种引擎的生成尺寸和单批生成的图片数量可以在一定的范围内浮动，适用的范围更广。不过，与静态引擎相比，动态引擎的出图速度稍慢一些。

单击“导出引擎”按钮后，根据设置将会创建引擎。创建完成后，在页面下方可以看到已创建好的引擎列表，如图4-79所示。我们可以创建一个尺寸范围较大的动态引擎，然后根据自己常用的生成尺寸创建多个静态引擎。插件会根据情况自动调用适合的引擎进行图片的生成。

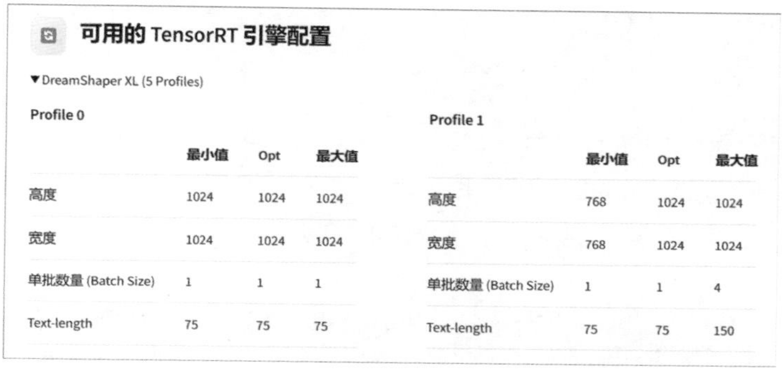

可用的 TensorRT 引擎配置

▼DreamShaper XL (5 Profiles)

Profile 0

	最小值	Opt	最大值
高度	1024	1024	1024
宽度	1024	1024	1024
单批数量 (Batch Size)	1	1	1
Text-length	75	75	75

Profile 1

	最小值	Opt	最大值
高度	768	1024	1024
宽度	768	1024	1024
单批数量 (Batch Size)	1	1	4
Text-length	75	75	150

图4-79

TensorRT引擎不能直接应用于Lora模型，我们需要单击“TensorRT LoRA”选项卡，在“LoRA 模型”下拉菜单中选择模型，然后单击“转换到TensorRT”按钮，把Lora模型融入大模型引擎中，如图4-80所示。

TensorRT 导出
TensorRT LoRA
将 LoRA 应用到 TensorRT 模型
刷新
LoRA 模型
人像素描 (Unknown)
强制重新构建
转换到 TensorRT

图4-80

单击页面上方的“设置”选项卡，在左侧的列表中单击“用户界面”选项。在“快捷设置列表”下拉菜单的空白处单击，然后添加“sd_Unet”，如图4-81所示。

图4-81

单击“保存设置”按钮后，再单击“重载UI”按钮。在WebUI上方的“SD Unet”下拉菜单中选择大模型加速引擎。接下来，我们就可以按照文生图的流程输入提示词，并设置生成图片的尺寸，然后生成图片，如图4-82所示。

图4-82

虽然TensorRT插件可以提升30%左右的出图速度，但实际运用效果并不理想。一方面，构建每个模型引擎需要花费很长时间，同时每个引擎也需要占据数吉字节（GB）的磁盘空间；另一方面，TensorRT对Lora模型的支持不足，此外ControlNet等插件也不能使用，因此TensorRT插件只适合在一些特定情境下使用。

第二种方法是使用LCM加速。这种加速方式只需要很少的采样步数就能生成图片，以稍微牺牲图片画质为代价，将生成图片的速度提高2~3倍。LCM加速由LCM Lora模型和LCM采样器组成。使用前，请参照本书附赠素材中的说明文档，把SD1.5和SDXL版的模型复制到正确的路径中。

按照常规流程在文生图里选择SDXL模型，输入提示词后，单击"Lora"选项卡，在其中添加"LCM-LoRA_sdxl"模型，如图4-83所示。如果使用的是SD1.5版模型，则需要选择"LCM- LoRA_sd15"模型。

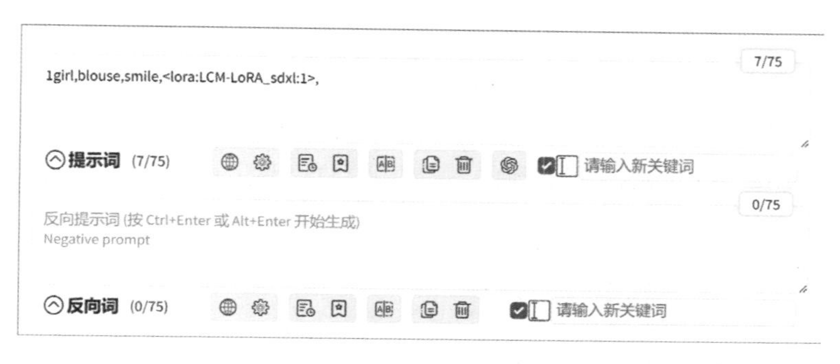

图4-83

设置生成尺寸后，把"采样方法"设置为"LCM"，"迭代步数"设置为2~8，"提示词引导系数"设置为1，如图4-84所示。

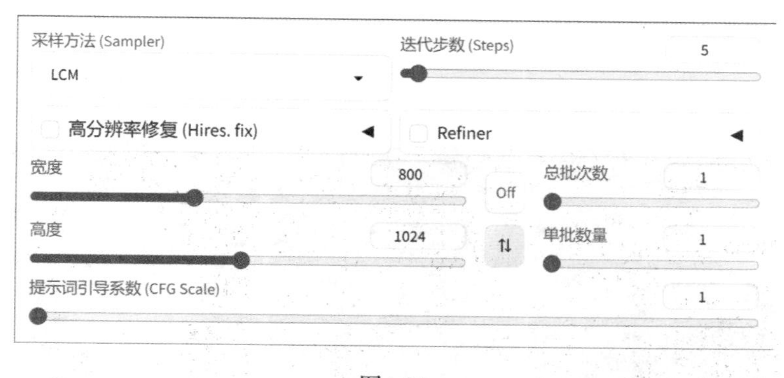

图4-84

现在就可以快速生成图片了。降低Lora的权重可以提高图片画质，同时会稍微增加图片生成时间，如图4-85所示。

<lora:LCM-LoRA_sdxl:1>

<lora:LCM-LoRA_sdxl:0.5>

图4-85

第三种加速方法是使用 SDXL Turbo模型，这种模型是在SDXL模型的基础上经过“蒸馏”（Distillation）训练后得到的，官方的SDXL Turbo模型虽然能在1秒内生成512×512像素的图片，但图片画质较差，实用价值不高。我们可以在模型下载网站搜索“Turbo”，下载经过改进的模型，如图4-86所示。

提示 Point out

在深度学习中，蒸馏通常指的是将一个大型、复杂、训练好的模型（称为教师模型）的知识转移到一个小型、简化的模型（称为学生模型）的过程。这个过程通过让学生模型学习模仿教师模型的输出或中间表示来实现。这样做的好处是，小型模型往往更快、更高效，同时仍然能够保持教师模型的准确性和泛化能力。

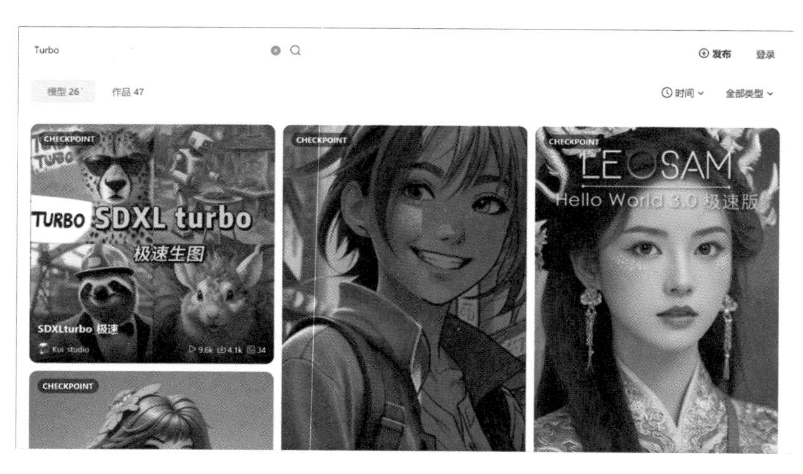

图4-86

在WebUI中切换到SDXL Turbo模型，把“采样方法”设置为“Euler a”，把“迭代步数”设置在6到8范围内，把“提示词引导系数”设置在1.5到2.5范围内。这样就可以在几秒内生成1024×1024像素的高清图片，如图4-87所示。

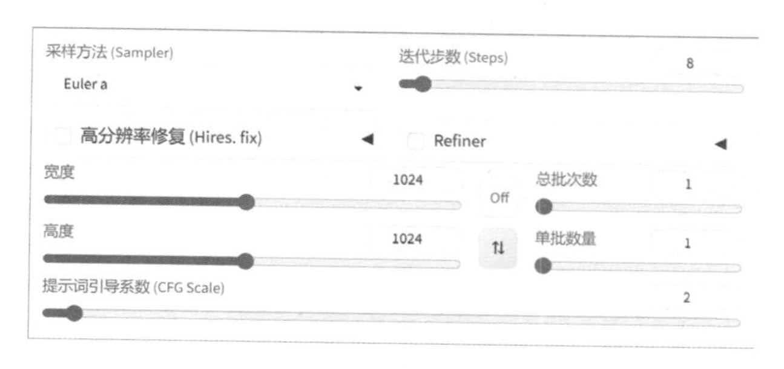

图4-87

提高“迭代步数”的参数值可以提高图片画质，但同时也会增加生成图片的时间，如图4-88所示。

迭代步数=8

迭代步数=12

图4-88

在生成高清图片时，如果遇到显存报错或需要对生成结果进行高清放大时，可以开启“Tiled VAE”插件，然后降低“编码器分块大小”和“解码器分块大小”的参数值，如图4-89所示。

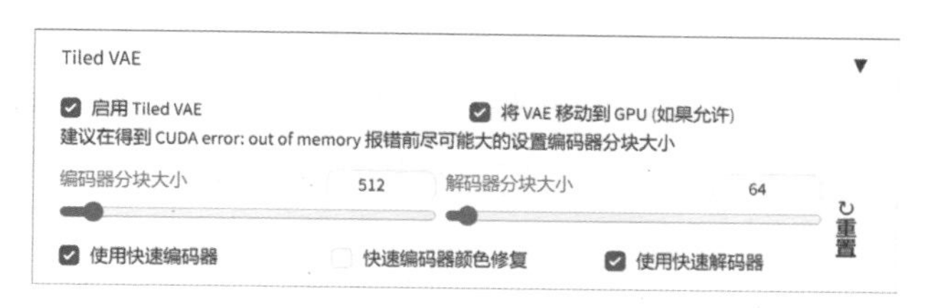

图4-89

4.7 测试参数和提示词

AI图片生成是一项正在快速发展的新技术。随着新插件和新模型不断涌现，需要学习的参数和选项也越来越多。如果想理解某个参数的具体作用，取值的合适范围，以及哪种采样器的效果更理想，那么最有效的方法就是使用“X/Y/Z图表”脚本对比不同数值下的实际生成图片的结果。

例如，我们想确定某个SDXL Turbo模型的最优迭代步数和提示词引导系数是多少。首先，按照文生图的基本流程输入提示词并设置生成图片的尺寸；然后，根据推荐设置选择采样器，并设置迭代步数和提示词引导系数参数；接着生成图片，在找到一个满意的构图后，单击♻按钮锁定种子，如图4-90所示。

提示 Point out

使用X/Y/Z图表测试参数需要连续生成许多张图片。然而，我们只需要关注图片之间的差异，因此可以把生成图片的尺寸设置得小一些，以减少不必要的等待时间。

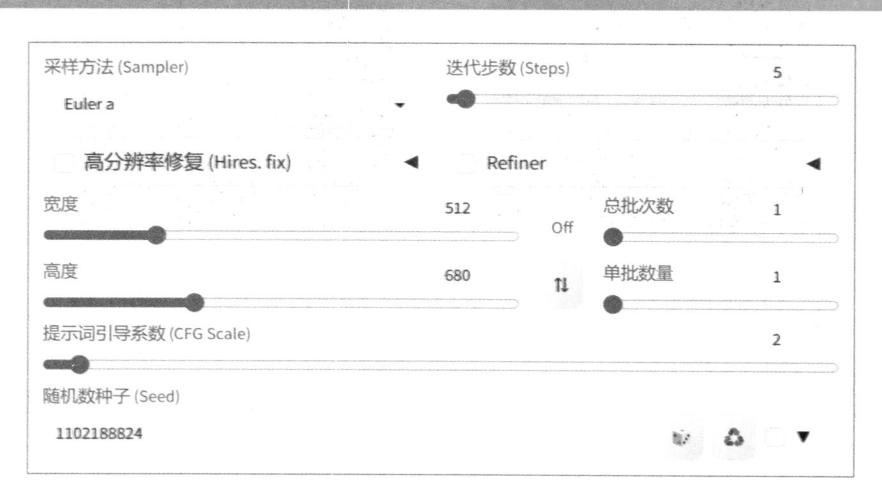

图4-90

在页面下方的“脚本”下拉菜单中选择“X/Y/Z plot”，在“X轴类型”下拉菜单中选择“Steps”，在“X轴值”文本框中用逗号分开需要测试的采样数值，如图4-91所示。

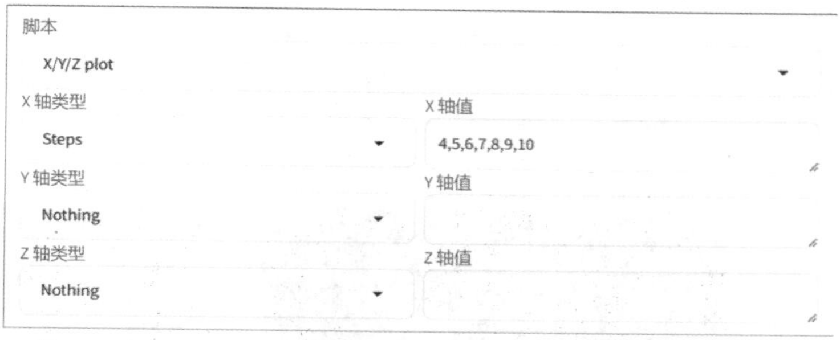

脚本
X/Y/Z plot
X 轴类型
Steps
X 轴值
4,5,6,7,8,9,10
Y 轴类型
Nothing
Y 轴值
Z 轴类型
Nothing
Z 轴值

图4-91

单击“生成”按钮，脚本将按照输入的数值分别生成图片，最后把所有图片拼合到一起，如图4-92所示。

Steps: 4
Steps: 5
Steps: 6
Steps: 7
Steps: 8
Steps: 9
Steps: 10

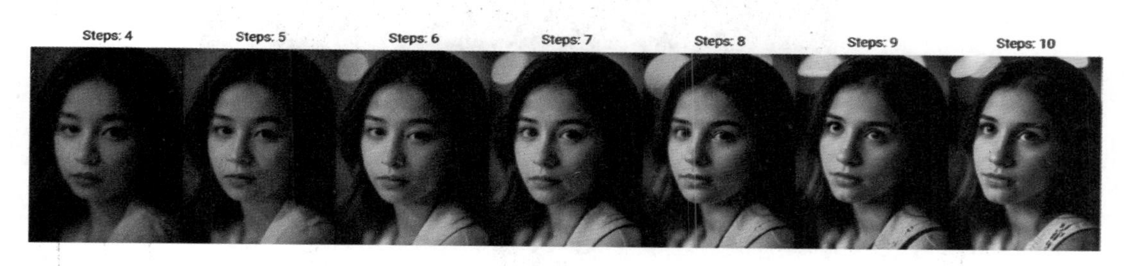

图4-92

很多参数和选项之间存在关联性。对于SDXL Turbo模型来说，提示词引导系数对图片画质和内容的影响与迭代步数同等重要。为了测试综合效果，我们在“Y轴类型”下拉菜单中选择“CFG Scale”，在“X轴值”中输入“5,6,7,8,9”，在“Y轴值”中输入推荐的提示词引导系数的取值范围（形式为“1.5,2,2.5”），如图4-93所示。

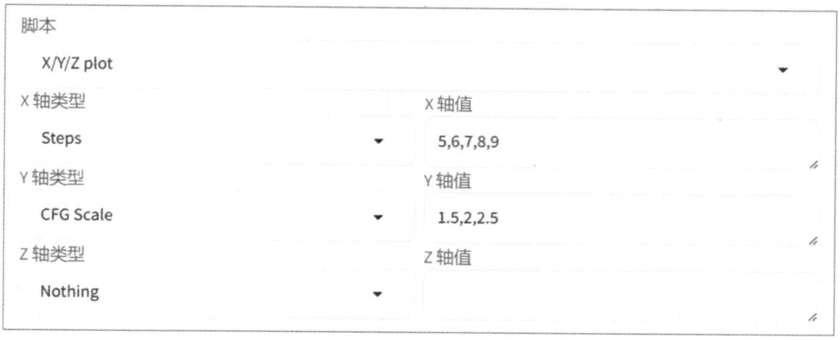

脚本
X/Y/Z plot
X 轴类型
Steps
X 轴值
5,6,7,8,9
Y 轴类型
CFG Scale
Y 轴值
1.5,2,2.5
Z 轴类型
Nothing
Z 轴值

图4-93

生成图片后，会获得一个由图片组成的阵列。阵列的X轴表示不同迭代步数的效果对比，Y轴表示不同提示词引导系数的效果对比，如图4-94所示。在阵列中挑选画质最好的图片，通过X轴和Y轴的数值就能确定以后如何设置这个模型的参数。

Steps: 5
Steps: 6
Steps: 7
Steps: 8
Steps: 9
CFG Scale: 1.5
CFG Scale: 2.0
CFG Scale: 2.5

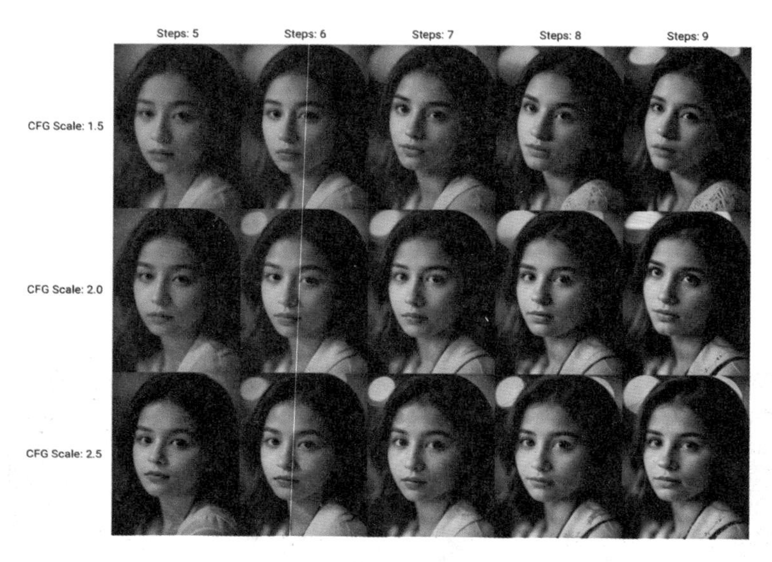

图4-94

我们还可以在“Z轴类型”下拉菜单中选择“Sampler”，单击 按钮在“Z轴值”中加入所有采样器，勾选“禁用下拉菜单，使用文本输入”复选框，然后删除不需要测试的采样器，如图4-95所示。

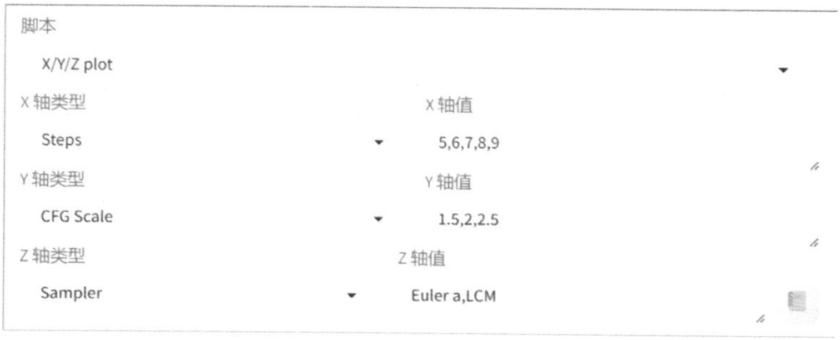

脚本
X/Y/Z plot
X 轴类型
Steps
X 轴值
5,6,7,8,9
Y 轴类型
CFG Scale
Y 轴值
1.5,2,2.5
Z 轴类型
Sampler
Z 轴值
Euler a,LCM

图4-95

这样就能生成两个图片阵列，综合对比不同采样器和设置参数下的图片效果，如图4-96所示。

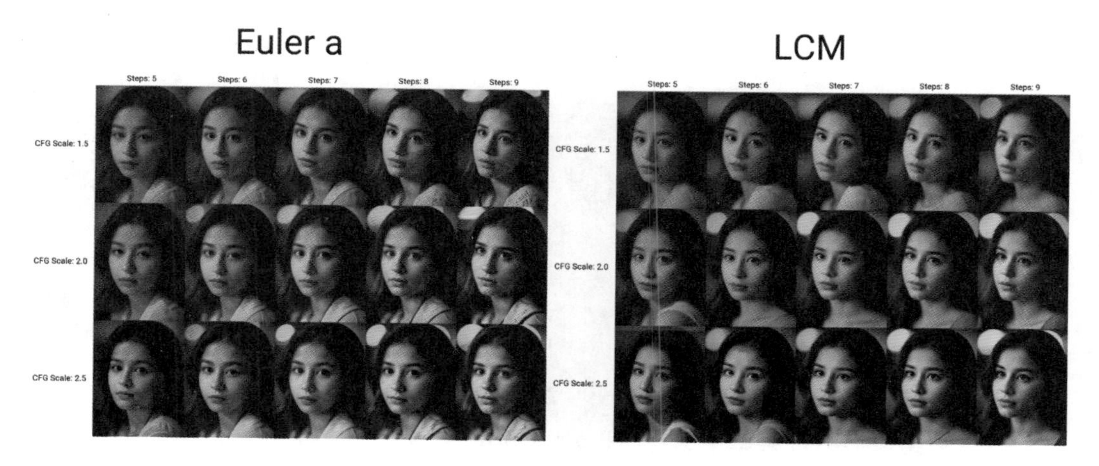

图4-96

数值栏中的写法有多种。例如，若我们想测试迭代步数3到8的效果，可以直接输入“3-8”。对于有些参数的取值范围较大，为了观察明显的对比效果或者提高测试效率，可以采用其他输入形式。例如，输入“1-11(+2)”，则会每隔2步生成一张图片；输入“1-24[6]”，则是将输入的数值范围平均分成6次来生成图片，如图4-97所示。

图4-97

X/Y/Z图表还可以测试不同提示词的效果。我们输入提示词后生成一张图片，如图4-98所示。

图4-98

在“X轴类型”下拉菜单中选择“Prompt S/R”，在“X轴值”文本框中输入要被替换的词组，并用逗号分开。例如，输入“smile,laughing,disappointed, angry”，就能生成不同表情的图片，如图4-99所示。

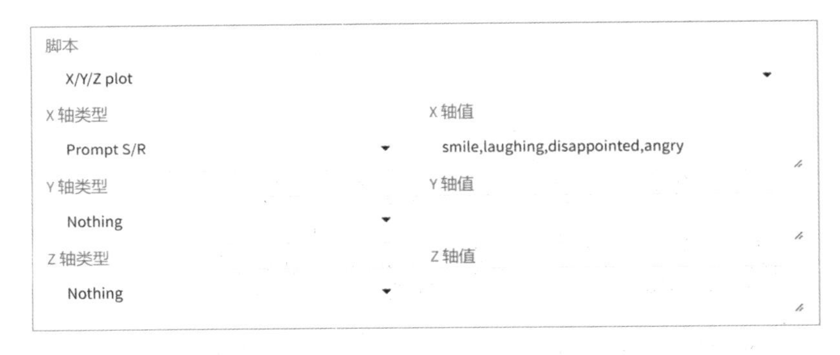

图4-99

利用Prompt S/R的特性，还可以制作相同角色不同表情或服饰的系列图片。在ControlNet中上传第一张角色图片，在“控制类型”选项组中单击“Depth（深度）”单选按钮，将“控制权重”参数设置为0.6，在“控制模式”选项组中单击“更偏向提示词”单选按钮，如图4-100所示。

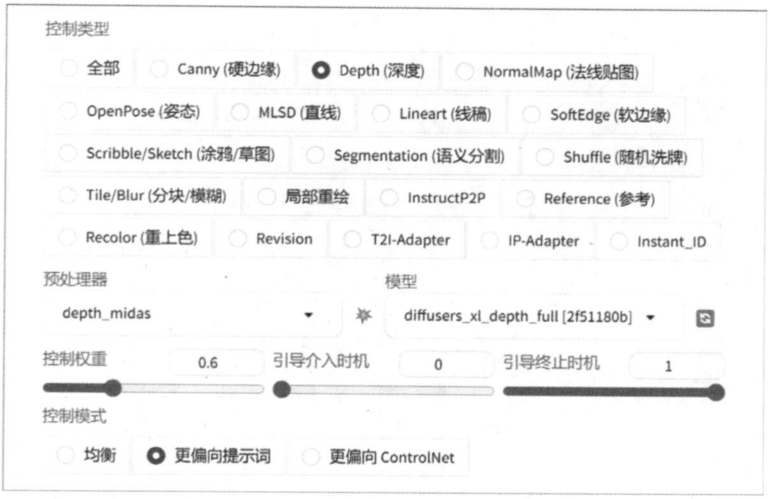

控制类型

全部　Canny (硬边缘)　Depth (深度)　NormalMap (法线贴图)

OpenPose (姿态)　MLSD (直线)　Lineart (线稿)　SoftEdge (软边缘)

Scribble/Sketch (涂鸦/草图)　Segmentation (语义分割)　Shuffle (随机洗牌)

Tile/Blur (分块/模糊)　局部重绘　InstructP2P　Reference (参考)

Recolor (重上色)　Revision　T2I-Adapter　IP-Adapter　Instant_ID

预处理器　depth_midas

模型　diffusers_xl_depth_full [2f51180b]

控制权重　0.6　引导介入时机　0　引导终止时机　1

控制模式

均衡　更偏向提示词　更偏向 ControlNet

图4-100

在X/Y/Z图表中取消对“包含图例注释”复选框的勾选，生成图片，就能得到我们想要的效果，如图4-101所示。

图4-101

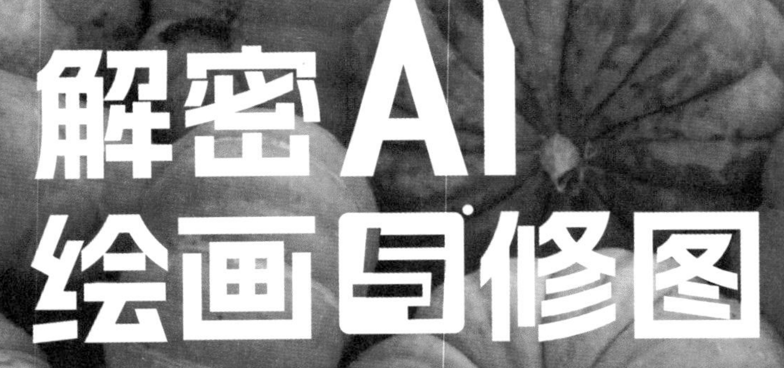

第5章

Stable Diffusion实用插件

前面章节的内容已经陆续讲解了一些插件的功能及使用方法，本章将进一步介绍更多的Stable Diffusion插件。在这些插件中，一些用于解决当前AI绘图领域的痛点，另一些则能够提升特定领域的图片生成效率和画质，还有一些把Stable Diffusion的功能扩展至视频层面，用于生成效果独特的视频动画。

5.1 容量无限的风格宝库

使用Stable Diffusion生成图片就像开盲盒一样，有时我们会抱怨开不出满意的图片，有时甚至连自己也说不清楚想要什么样的图片。基于这种需求，各种随机提示词插件应运而生，其中最常见的是Wildcards。如果把随机提示词插件比作灵感库，那么与之前使用过的One Button Prompt和SDXL Styles相比，Wildcards可以为AI提供近乎无限的发挥空间，使用起来也更简单，适用的范围也更广泛。

Wildcards的原理非常简单，它从事先编辑好的文本中随机抽取提示词，因此如果没有文本库插件，它就无法发挥作用。如果WebUI中已经安装了Dynamic Prompts插件，就可以不用安装Wildcards。要获取Wildcards插件，可以登录https://github.com/sdbds/stable-diffusion-webui-wildcards，然后单击“Code”按钮，接着单击“Download ZIP”按钮下载压缩包。下载完成后，解压缩文件，并把“wildcards”文件夹复制到Stable Diffusion WebUI启动器安装根目录下的“extensions\sd-dynamic- prompts”文件夹中，如图5-1所示。

图5-1

重新运行WebUI后，按照文生图的常规流程，套用画质和反向提示词，然后输入想要的人物、服饰、视角和背景。假设我们想为角色画设计一个新颖的发型，但又想不起具体的发型种类或描述发型的词组时，可以单击页面上方的“通配符管理”选项卡。在左侧的列表中，可以找到很多与人物头发相关的文件。单击其中一个文件，在右侧的列表中就会显示该文件里包含的提示词，如图5-2所示。

图5-2

复制“通配符文件”文本框中的文本，然后切换到“文生图”选项卡，把复制的通配符粘贴到正向提示词中，如图5-3所示。

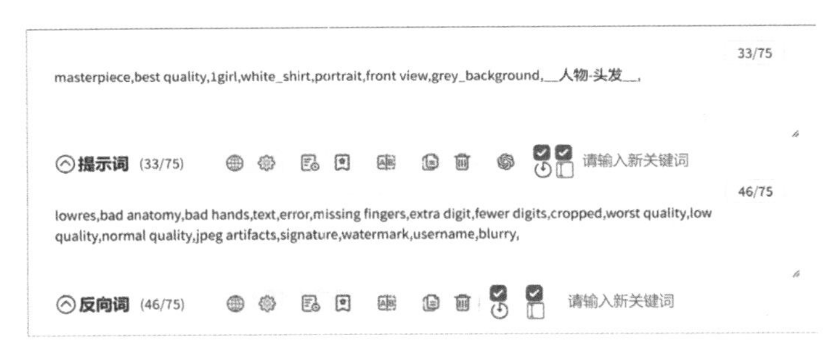

图5-3

把“总批次数”设置为6，系统将从通配符文本中随机抽取6种发型的提示词来生成图片。这样就可以清晰地看出每个提示词的具体效果，以及哪种发型更符合我们心中的角色形象，如图5-4所示。

图5-4

通配符还可以组合使用。我们可以在提示词中继续添加“__haircolor__”，然后生成图片，这样就可以随机匹配不同的发型和颜色，如图5-5所示。

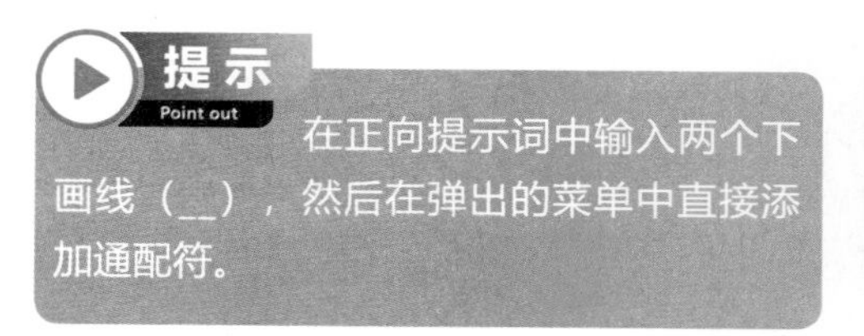

在正向提示词中输入两个下画线（__），然后在弹出的菜单中直接添加通配符。

图5-5

在“通配符管理”选项卡的下方展开“合集操作”可折叠面板。然后，在“选择合集”下拉菜单中选择合集名称，接着单击“复制集合”按钮，就可以添加更多的通配符文件，如图5-6所示。

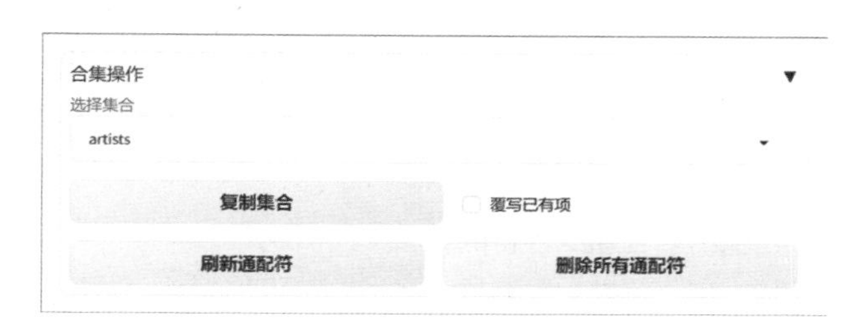

图5-6

要添加自定义通配符，首先在Stable Diffusion WebUI启动器根目录下的“extensions\sd-dynamic- prompts\wildcards”文件夹中创建一个新的文本文件，为该文件命名后返回到WebUI界面，单击“刷新通配符”按钮。在左侧的列表中选择新创建的文件，在右侧的“编辑文件”文本框中输入提示词。输入完成后，单击下方的“保存通配符”按钮，如图5-7所示。

文生图　图生图　后期处理　PNG 图片信息　WD 1.4 标签器　通配符管理　设置　扩展
使用通配符名称检索...
art
cameraView
character (角色)
color
eyecolor
full-prompt-fantasy
hair-color
hair-female
hair-male
hairLength
hairMisc
hairTexture
haircolor
通配符文件
__art__
编辑文件
artbook
game cg
comic
保存通配符

图5-7

展开“Dynamic Prompts”可折叠面板，勾选“启用动态提示词”和“组合生成”复选框。调整“最大生成数”用于设置生成多少张图片，就像设置“总批次数”一样，如图5-8所示。如果使用默认参数0，系统将按照通配符中的所有组合来生成图片一次。

Dynamic Prompts

启用动态提示词

组合生成

最大生成数（0 = 所有组合数 - 忽略批次计数值） 0

组合批次数 1

魔法提示词

需要帮助?

图5-8

在提示词中添加SDXL合集内的“__SDXL/movements__”通配符，就可以生成不同艺术流派风格的图片，如图5-9所示。SD1.5版的模型同样可以使用这些通配符，但效果可能没有SDXL模型那么显著。

另外，在提示词中添加“__SDXL/style__”通配符，可以生成使用不同艺术媒介创作的图片，如图5-10所示。

图5-9

图5-10

在“__SDXL/artists__”通配符中提供了3800多位艺术家的名字。将该通配符添加到提示词中即可生成对应艺术家风格的图片。我们可以登录https://rikkar69.github.io/SDXL-artist-study网站，查看所有艺术家的作品预览图，如图5-11所示。

图5-11

Wildcards的最大意义在于不需要我们花时间查找各种专业词汇、编写大段提示词、下载大量Lora模型，也不用我们花费精力去熟悉各种艺术流派。我们只需在提示词中输入角色，剩余的服饰、动作等都可以交由通配符来处理。然后，在上面介绍的网站中找到自己喜欢的画风，输入艺术家的名字，就能得到一系列相同风格的图片，如图5-12所示。

图5-12

5.2 批量更换服装和发型

当需要对生成结果的某些区域进行修改或替换时，我们首先想到的就是局部重绘功能。本节将介绍另一种能快速为角色更换服装、发型等元素的方法，即使用ADetailer和

Inpaint Anything插件，再配合上一节中介绍的通配符功能。

首先，选择大模型后编写提示词，生成一张模特图片。然后，单击♻按钮锁定随机种子，如图5-13所示。我们的目标是将模特的上衣更换成别的款式。

图5-13

展开“ADetailer”可折叠面板，在其中勾选“启用After Detailer”复选框。接着，在“After Detailer模型”下拉菜单中选择“deepfashion2_yolov8s-seg.pt”。然后，在正向提示词文本框中输入想要替换成的上衣款式，如图5-14所示。deepfashion2是一个识别服装的模型，如果读者的下拉菜单中没有这个模型，请参考本书附赠素材中的说明文档进行安装。

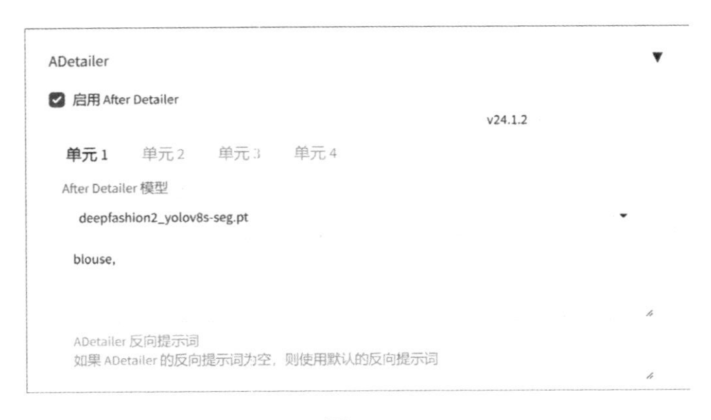

图5-14

展开“重绘”可折叠面板，并将“局部重绘幅度”参数设置为0.85。然后生成图片，模型将自动识别图片中的服装，并使用输入的正向提示词进行服装的替换，如图5-15所示。

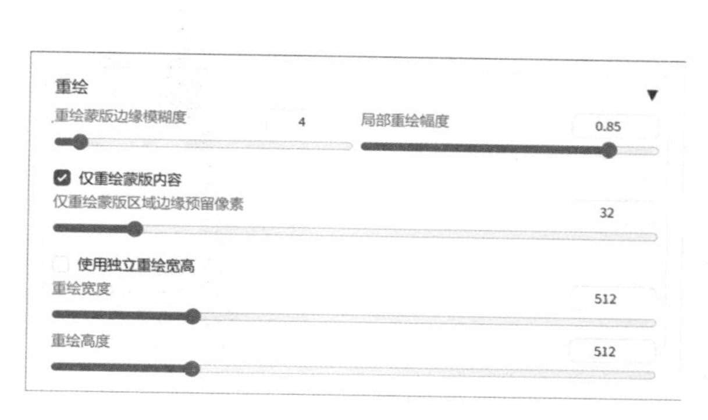

图5-15

deepfashion2会识别并替换图片中的所有服装。如果我们不想替换裤子，可以展开“检测”可折叠面板，把“仅处理最大的前k个蒙版区域（0=禁用）”参数设置为1；然后展开“蒙版处理”可折叠面板，把“蒙版图像腐蚀(-)/蒙版图像膨胀(+)”参数设置为8，以减少替换衣服后留下的白边，如图5-16所示。

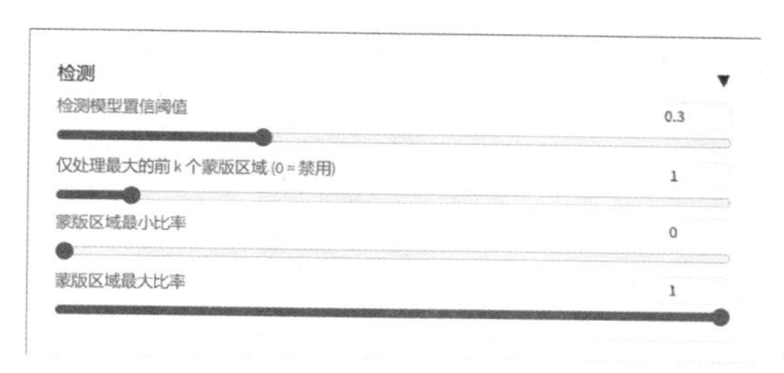

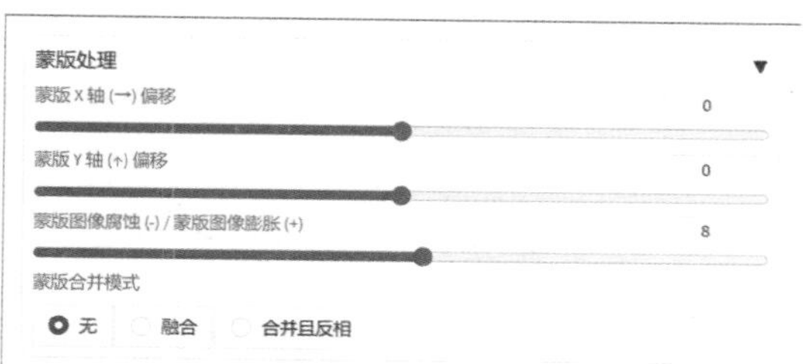

图5-16

如果替换后的服装变化不大或者缺乏细节，可以在“重绘”可折叠面板中增大“仅重绘蒙版区域边缘预留像素”的参数值，以提高重绘区域的像素密度。再次生成图片，把生成结果发送到“图生图”选项卡，删除描述服装的提示词，单击🎲按钮使用随机种子，将“重绘幅度”参数设置为0.4，如图5-17所示。重绘的图片结果如图5-18所示。

要想获得更高的图片画质，可以提高重绘尺寸，在开启ControlNet之后，在“控制类型”选项组中单击“Tile/Blur（分块/模糊）”单选按钮，并在“预处理器”下拉菜单中选择“tile_colorfix”，随后单击“更偏向提示词”单选按钮，把“重绘幅度”参数设置为0.65，如图5-19所示。最后生成图片，效果如图5-20所示。

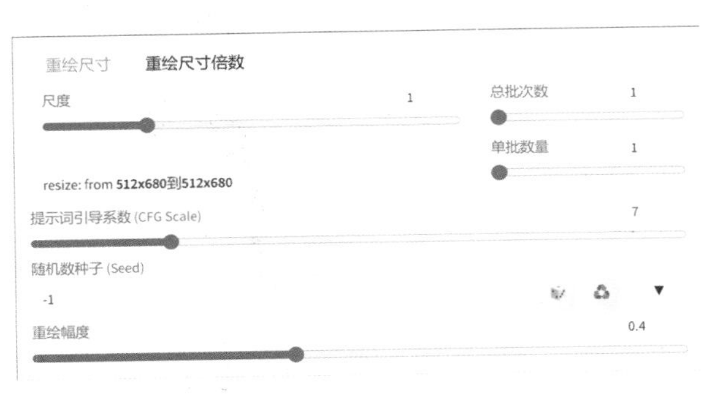

图5-17

图5-18

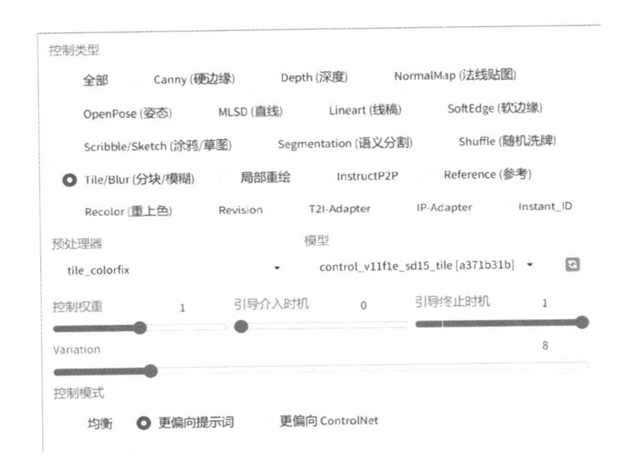

图5-19

图5-20

使用这种方法可以获得非常逼真的换衣效果，操作也比较简单，但缺点是只能更换服装。当需要更换画面中的其他元素时，可以进入“Inpaint Anything”选项卡，在“Segment Anything模型ID”下拉菜单中选择一个模型，然后单击“下载模型”按钮。

Segment Anything目前有4种模型：sam_vit是用一千多万张图片和超过10亿个分割掩码训练出来的数据集，可以自动识别和分割图片中的任何对象；sam_hq_vit是sam_vit的升级版本，提升了识别复杂结构对象的能力；FastSAM是一种使用加速替代方法的模型，可将识别和分割图片的速度提升50倍；mobile_sam是速度更快的轻量级模型，旨在进一步加快推理速度的同时还能在移动端部署。

sam_vit模型又被分成3个版本，其中sam_hq_vit_h的体积最大，sam_hq_vit_b的体积最小，sam_hq_vit_l的体积介于前二者之间。模型的体积越大，识别精度就越高，如图5-21所示。

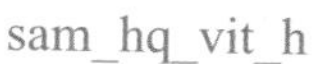

sam_hq_vit_l

sam_hq_vit_b

图5-21

上传图片后，单击“运行Segment Anything”按钮，稍等片刻，在右侧窗口中将显示处理结果。用画笔在需要修改的色块上点一下，再单击“创建蒙版”按钮。在下方窗口中将会出现标记区域的蒙版，如图5-22所示。

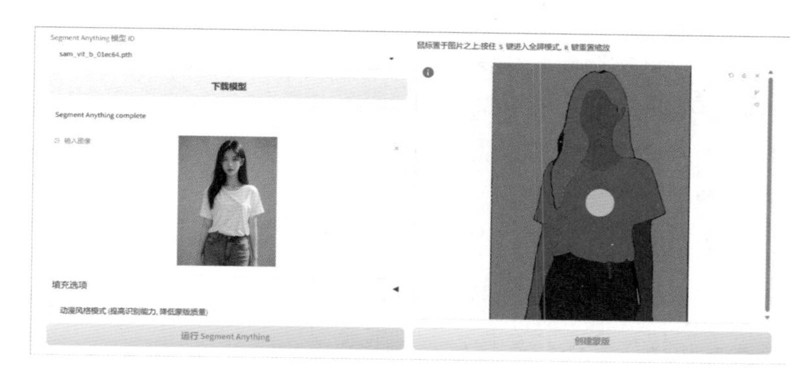

图5-22

接下来，我们可以在“重绘”“webui重绘”或者“ControlNet重绘”选项卡中重新绘制遮罩范围内的图片。由于“重绘”选项卡只能使用几个特定的模型，“webui重绘”选项卡只能使用一个模型，且生成效果不够稳定，因此建议读者进入“ControlNet重绘”选项卡。在“重绘提示词”中输入想要的服装款式，展开“高级选项”，把“重绘幅度”参数设置为0.8，然后单击“运行ControlNet重绘”按钮，即可获得逼真的换装效果，如图5-23所示。

“运行ControlNet重绘”按钮下方的“迭代数”相当于文生图中提到的“总批次数”，利用这个参数可以连续生成多张图片。

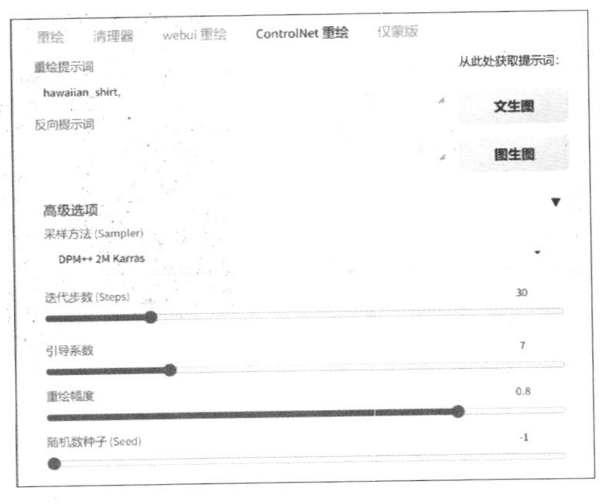

图5-23

需要批量更换不同款式的服装时，可以进入“仅蒙版”选项卡，在单击“获取蒙版”按钮后，再单击下方的“Send to img2img inpaint”按钮，把蒙版和图片发送到“图生图”选项卡。在“图生图”选项卡中，将“蒙版边缘模糊度”参数设置为8，将“仅蒙版区域下边缘预留像素”参数设置为64，如图5-24所示。

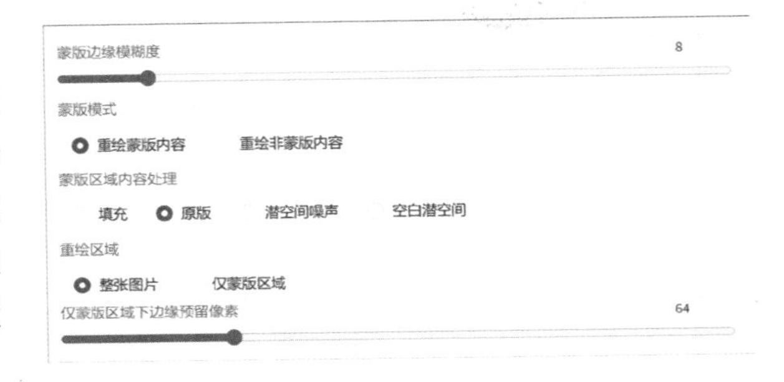

图5-24

在Stable Diffusion WebUI启动器根目录下的“extensions\sd-dynamic-prompts\wildcards”文件夹里新建一个文本文件，并将其命名为“1”。然后返回WebUI，在“通配符管理”选项卡里展开“合集操作”可折叠面板，单击“刷新通配符”按钮。在左侧的列表中选择新创建的文本“1”，在右侧的“编辑文件”文本框中输入所有想要更换的服装款式，如图5-25所示。

图5-25

返回“图生图”选项卡，展开“Dynamic Prompts”可折叠面板，勾选“启用动态提示词”和“组合生成”复选框。接下来删除所有的正向提示词，然后输入通配符“__1__”，如图5-26所示。

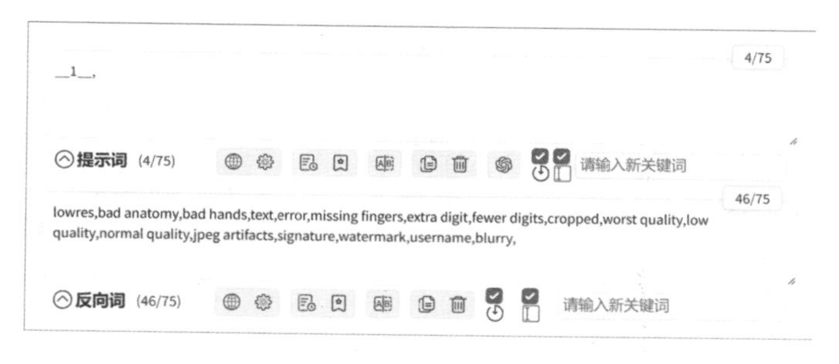

图5-26

把“重绘幅度”参数设置为0.8，现在只需单击“生成”按钮，就能把通配符中的所有服装款式逐个生成一遍，如图5-27所示。

图5-27

我们还可以使用这种方法，只修改角色的发色，而不改变其余区域。在提取头发的遮罩时，最好选择比较精确的“sam_hq_vit_h.pth”模型，如图5-28所示。

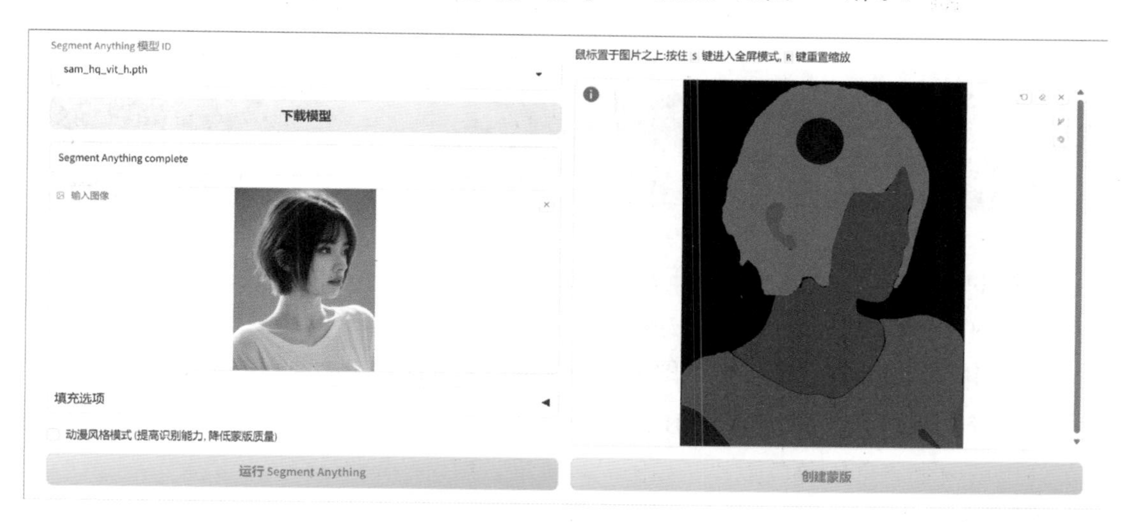

图5-28

把遮罩发送到图生图后，最好开启ControlNet的“Lineart（线稿）”控制器，在预处理器下拉菜单中选择“lineart_realistic”，如图5-29所示。

控制类型
全部 Canny (硬边缘) Depth (深度) NormalMap (法线贴图)
OpenPose (姿态) MLSD (直线) Lineart (线稿) SoftEdge (软边缘)
Scribble/Sketch (涂鸦/草图) Segmentation (语义分割) Shuffle (随机洗牌)
Tile/Blur (分块/模糊) 局部重绘 InstructP2P Reference (参考)
Recolor (重上色) Revision T2I-Adapter IP-Adapter Instant_ID
预处理器 模型
lineart_realistic control_v11p_sd15_lineart [43d4be0d

图5-29

添加头发颜色的通配符后，利用“重绘幅度”参数控制头发的变化程度，并把“重绘尺寸倍数”设置为2，可以获得更加精细、真实的效果，如图5-30所示。

图5-30

5.3 图片和视频一键换脸

在Stable Diffusion中换脸有两种方法：第一种是在文生图中换脸，也就是给角色指定一张特定的面孔，而其余的服饰、动作和环境等元素则用提示词控制；第二种则类似于Photoshop中的图像编辑，即在图生图中替换生成结果或照片中的面孔。

最方便快捷的换脸方法是使用ReActor插件在图生图中替换。首先，我们需要编写提示词生成一张满意的角色图片，如图5-31所示。然后，单击♻按钮锁定随机种子，再勾选“ReActor”复选框后展开可折叠面板，在其中上传一张用于替换的面部图像，如图5-32所示。

图5-31

图5-32

勾选“保存原件”复选框后，生成的图片可以保存替换前和替换后的图片；若不勾选该选项，则只保存替换后的图片。另外，勾选“Face Mask Correction”复选框可以消除面部遮罩周围的白边。接着将“CodeFormer Weight(Fidelity)”参数设置为1，该数值越高，替换后的面孔越接近参考图，如图5-33所示。现在重新生成图片，换脸后的效果如图5-34所示。

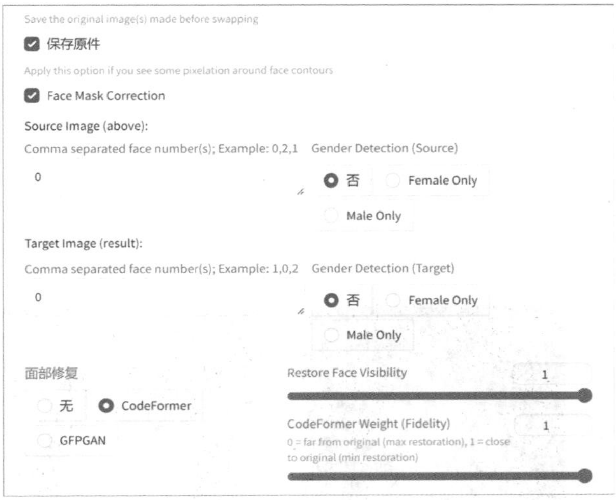

图5-33

图5-34

打开随机种子后，批量生成图片，大多数角度下都能得到良好的换脸效果，如图5-35所示。

图5-35

在“ReActor”可折叠面板中单击×按钮删除参考图，然后在“Multiple Source Images”窗口中上传多张面部参考图，如图5-36所示。随后生成图片，就能用参考图上的所有面孔把生成结果全部替换一遍。

ReActor
The Fast and Simple FaceSwap Extension - v0.7.0-a2
主菜单 检测 图像放大 工具 设置
Select Source
Image(s) Face Model Folder
Single Image has priority when both Areas in use
Single Source Image
Multiple Source Images
22.png 1018.3 KB
33.png 1.6 MB
44.png 1.3 MB
55.png 1.3 MB
拖放图片至此处
- 或 -
点击上传

图5-36

认真观察替换后的图片，会发现一个问题：ReActor只能替换五官，无法改变角色的脸型。因此，在替换比较胖或特别瘦的脸时，效果会大打折扣，如图5-37所示。

图5-37

遇到这种情况，我们可以打开ControlNet后上传脸部参考图。在“控制类型”中单击“IP-Adapter”单选按钮，在“预处理器”下拉菜单中选择“ip-adapter_face_id_plus”，在“模型”下拉菜单中选择“ip-adapter-faceid-plusv2_sd15”，将设置“控制权重”参数设置为0.5，如图5-38所示。

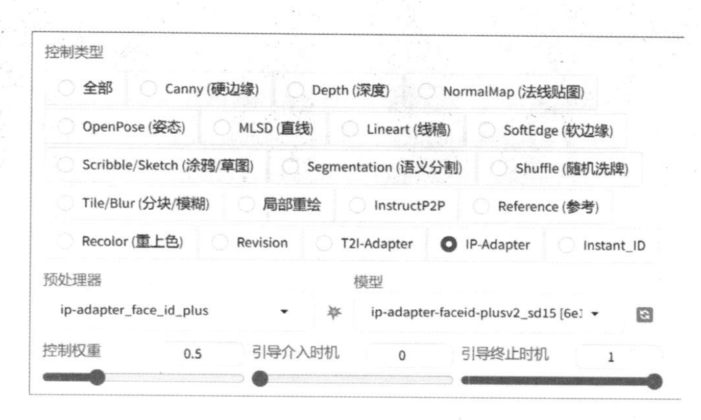

图5-38

单击提示词下方的“Lora”选项卡，添加“ip-adapter-faceid-plusv2_sd15_lora”，然后把权重设置为0.8，如图5-39所示。

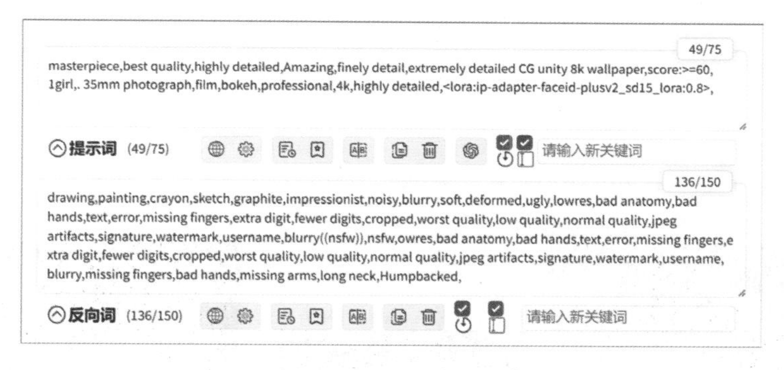

图5-39

在“ReActor”可折叠面板中，把“CodeFormer Weight(Fidelity)”参数设置为0.5后生成图片，就能完美还原参考图上的脸型和五官了，如图5-40所示。

> **提示** Point out
>
> 角色面部偏转角度比较大时，需要提高“CodeFormer Weight (Fidelity)”参数，以免五官发生变形。

图5-40

给照片换脸的方法：首先进入“图生图”选项卡，上传需要换脸的照片；然后开启ReActor，上传面部参考图；接着单击“图像放大”选项卡，在“放大算法”下拉菜单中选择“R-ESRGAN 4x+”，把“缩放倍数”参数设置为2，将“重绘幅度”参数设置为0.3，如图5-41所示。

图5-41

最后生成图片，几秒钟内即可完成换脸和放大图片的操作，结果如图5-42所示。

图5-42

如果照片上有多个需要更换的面孔，我们可以使用Photoshop将所有参考图拼接成一张图片，如图5-43所示。

图5-43

在“ReActor”选项卡的“Source Image”文本框中输入参考图片中的人脸编号。从左至右，第一张人脸的编号为0，第二张为1，以此类推，编号之间用逗号分隔。在“Target Image”文本框中输入原图的人脸编号，例如写成“0,2,1”，表示用参考图上的第二张人脸替换原图中的第三张人脸，用参考图上的第三张人脸替换原图中的第二张人脸，如图5-44所示。

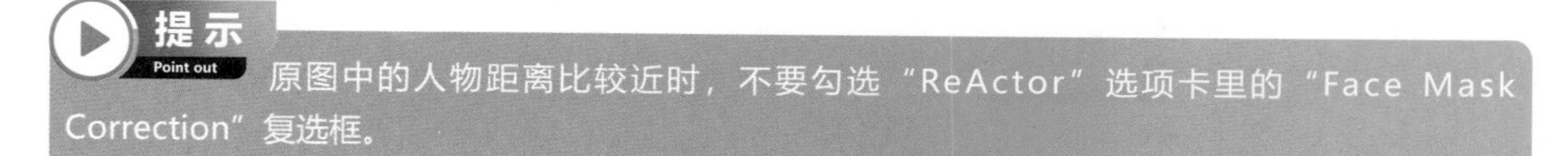

Source Image (above):

Comma separated face number(s); Example: 0,2,1　Gender Detection (Source)

0,1,2　否　Female Only　Male Only

Target Image (result):

Comma separated face number(s); Example: 1,0,2　Gender Detection (Target)

0,2,1　否　Female Only　Male Only

图5-44

将“重绘幅度”参数设置为0.2，然后生成图片，换脸前后的对比效果如图5-45所示。

图5-45

在WebUI中安装一款名为“mov2mov”的插件，它可以让我们一键给视频换脸。在“mov2mov”选项卡中上传需要进行换脸的视频，然后单击“重绘尺寸”选项组中的按钮来获取视频尺寸，把“重绘幅度”参数设置为0，并利用“Movie FPS”参数设置帧率，即生成的视频每秒包含的图片数。通过“Max FPS”参数来设置总帧率，例如，如果想要得到4秒的视频，则要将帧率设置为15帧/秒，总帧数就应设置为60帧（即15×4），如图5-46所示。

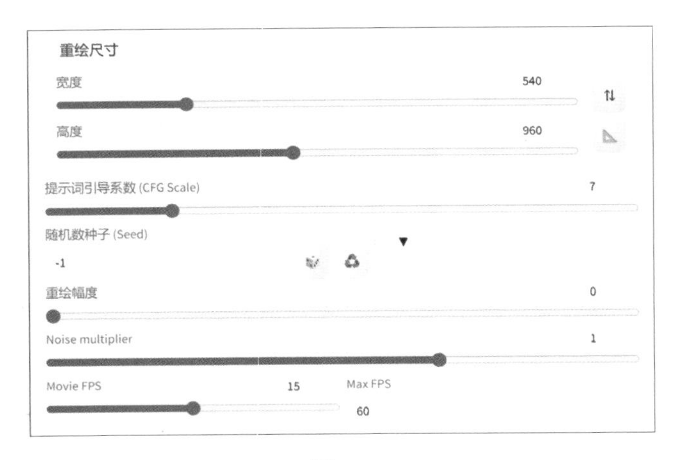

图5-46

在“ReActor”选项卡中上传要替换成的脸部图片，所有参数保持默认即可。不用输入提示词，只需单击“生成”按钮，插件就会从原视频中提取画面并进行换脸操作，最后把所有处理过的图片打包成视频。换脸后的效果如图5-47所示。

如果显卡的算力不足，读者可以通过降低分辨率和帧率的方式减少计算时间，生成视频后使用Topaz Video AI软件放大和提高帧率即可，如图5-48所示。

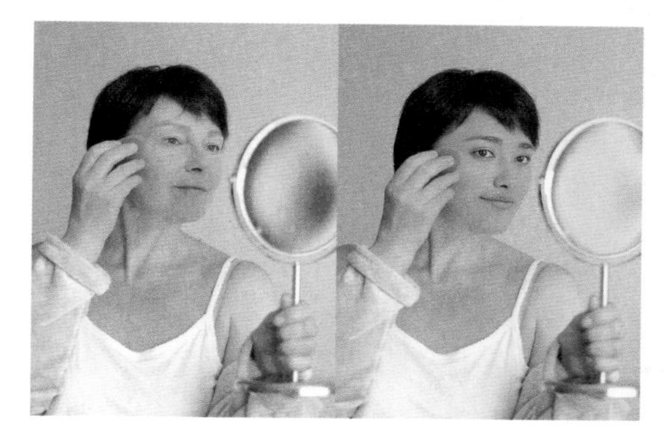

图5-47

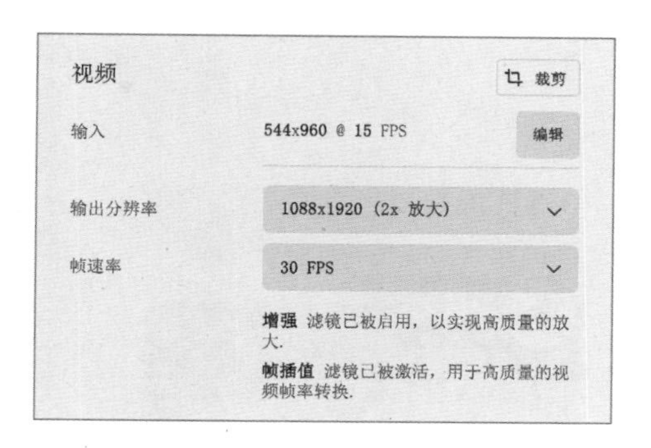

图5-48

5.4 打造会说话的数字人

数字人已不是什么新鲜名词了。在许多领域，尤其是媒体和娱乐领域，经常可以看到卡通形象的人物或逼真的虚拟主持人。在Stable Diffusion中，我们可以上传一段录制好的音频文件，然后使用SadTalker插件，将音频和图片相结合，让图片上的角色开口说话。

在WebUI中单击“SadTalker”选项卡，在“上传图像”窗口中上传角色图片，在“上传音频或TTS”窗口中上传音频文件，如图5-49所示。

图5-49

在右侧的“设置”窗口中选择脸部模型的分辨率，勾选“使用GFPGAN增强面部”复选框，然后单击“生成”按钮，如图5-50所示。

提示 Point out

上传的音频时长决定了生成视频的时长，在绘世启动器进程窗口的底部可以查看生成进度。

图5-50

视频生成完毕后，我们可以在下方的窗口中预览视频效果。单击WebUI上方的“设置”选项卡，在左侧的列表中单击“SadTalker”，就能看到视频文件的输出路径，如图5-51所示。

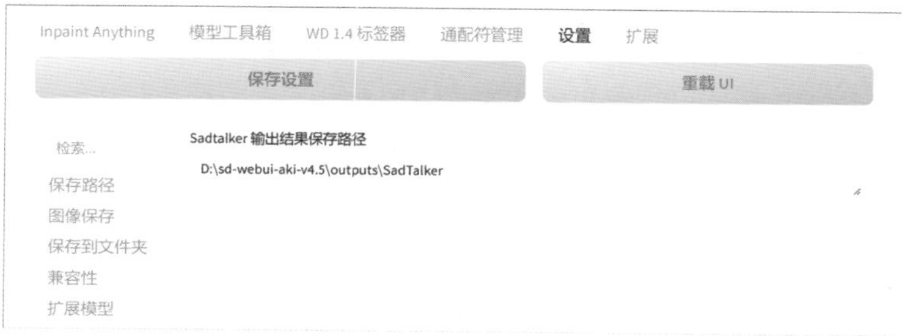

Inpaint Anything　模型工具箱　WD 1.4 标签器　通配符管理　设置　扩展

保存设置　重载 UI

检索...
保存路径
图像保存
保存到文件夹
兼容性
扩展模型

Sadtalker 输出结果保存路径
D:\sd-webui-aki-v4.5\outputs\SadTalker

图5-51

相对于其他插件来说，SadTalker的配置较为复杂。如果配置出现问题导致在输出路径中找不到视频文件，则可以单击预览窗口右上角的⭳按钮手动保存处理好的视频文件，如图5-52所示。

图5-52

在“预处理”选项组中有5个选项，其中“裁剪”和“裁剪后扩展”选项会把上传的原图裁剪成只留下角色的面部，让头部运动看起来更加自然，如图5-53所示。

裁剪

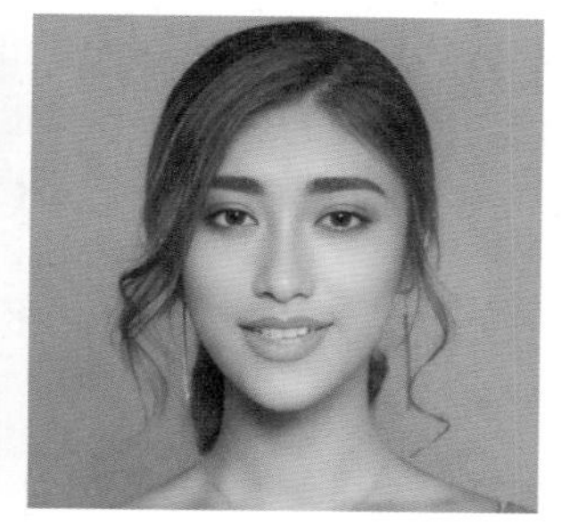
裁剪后扩展

图5-53

“完整”选项不对参考图进行裁剪，因此当角色的头部运动较大时，可能出现脖子区域撕裂的问题。此时需要勾选“静止模式”复选框，以减少角色的头部运动。“缩放”选项让参考图的背景和角色的身体产生缩放和平移运动，脖子区域的撕裂问题仍然存在，并且运动的效果也不够自然。另外，选择“填充至完整”选项会用参考图填充头部以外的区域，但如果参考图的宽高比不是1:1，可能会出现严重的画面撕裂，如图5-54所示。

图5-54

5.5 真人视频转换成动漫风格的视频

在短视频平台上经常看到把真人舞蹈视频转换成动漫风格的视频，本节我们将绍使用mov2mov和ebsynth_utility插件制作这种真人视频转换成动漫风格视频的方法。

首先，我们介绍mov2mov插件。在进行转换视频之前，需要用视频剪辑软件进行一些处理。把视频尺寸设置成512×680像素或512×768像素，帧率设置为

30帧，这样可以获得更快的生成速度。接下来，进入“mov2mov”选项卡，在上传视频后选择所需的风格大模型，然后输入正向提示词和反向提示词。最后，我们还可以添加Lora模型加强画风，如图5-55所示。

图5-55

展开“ControlNet”可折叠面板，然后开启ControlNet单元0。在“控制类型”选项组中，单击“OpenPose（姿态）”单选按钮，在“预处理器”下拉菜单中选择“dw_openpose_full”。接下来，开启ControlNet单元1，在“控制类型”选项组中单击“Lineart（线稿）”单选按钮，在“预处理器”下拉菜单中选择“lineart_realistic”，如图5-56所示。

图5-56

在“重绘尺寸”选项组中，单击📐按钮以获取图片的尺寸。将“Max FPS”参数设置为1，“重绘幅度”参数设置为0.45，如图5-57所示。然后生成图片，再根据生成结果调整提示词和重绘幅度，如图5-58所示。

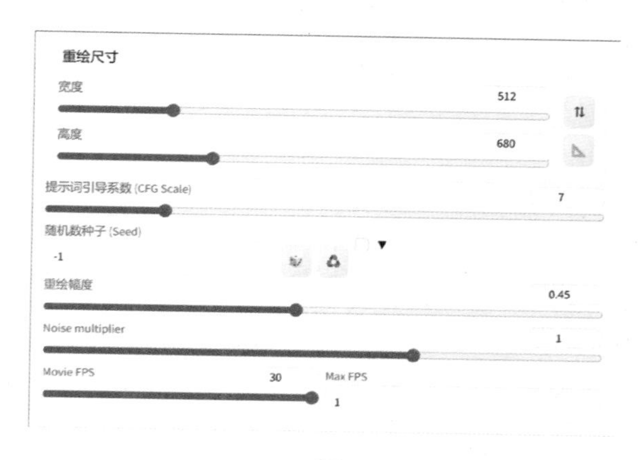

图5-57

图5-58

在获得满意的图片后，通过“Movie FPS”参数设置视频的帧速率。对于系统中显卡的算力不够高，读者可以把这个参数降低为原来的1/2，生成视频后，再使用Topaz Video AI软件放大并插帧。通过“Max FPS”参数设置总帧数，数值为-1时表示生成全部时长的视频。

接下来，展开“After Detailer”可折叠面板，勾选“启用After Detailer”复选框。在“After Detailer模型”下拉菜单中选择“face_yolov8n.pt”，以避免角色面部的抖动，同时还能增强画风的表现力，如图5-59所示。

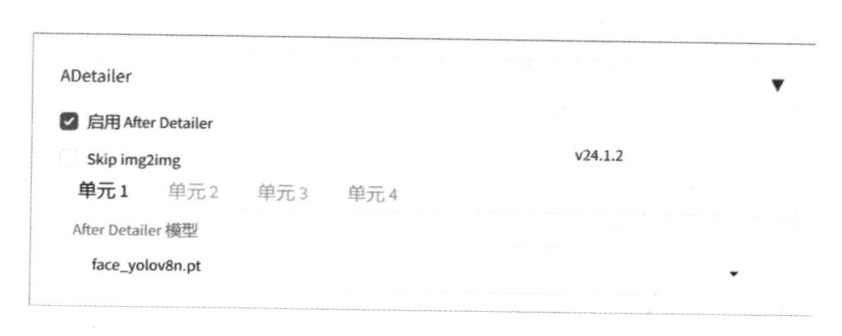

图5-59

单击“生成”按钮，就会逐帧重绘图片，并把生成的所有图片打包成视频。

使用mov2mov转换视频风格，该插件的优点是它的配置和使用都非常简单，而帧率稳定、画面流畅；它的缺点是生成时间较长，当视频的背景比较复杂时，画面闪烁可能比较严重。

接下来介绍ebsynth utility插件。首先在计算机上创建一个文件夹，确保文件夹名称和路径中不含中文字符。然后打开“ebsynth utility”选项卡，上传视频后，在“工程目录”中输入新建文件夹的路径，如图5-60所示。

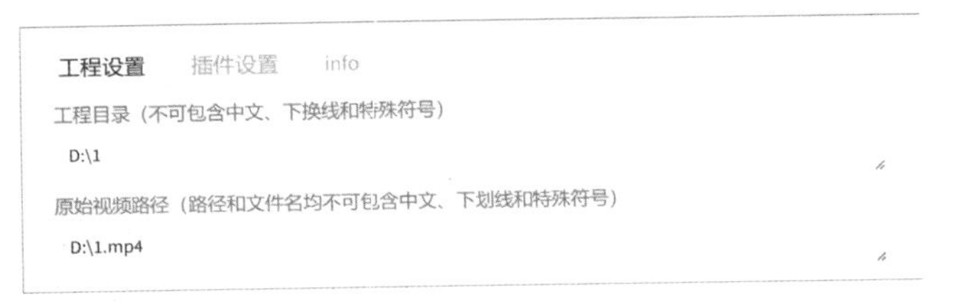

图5-60

单击“插件设置”选项卡，在“帧宽度”和“帧高度”文本框中输入重绘视频的尺寸，-1表示与原视频的尺寸相同，如图5-61所示。

提示 Point out

在info选项卡中可以查看每个步骤的作用和操作方法。

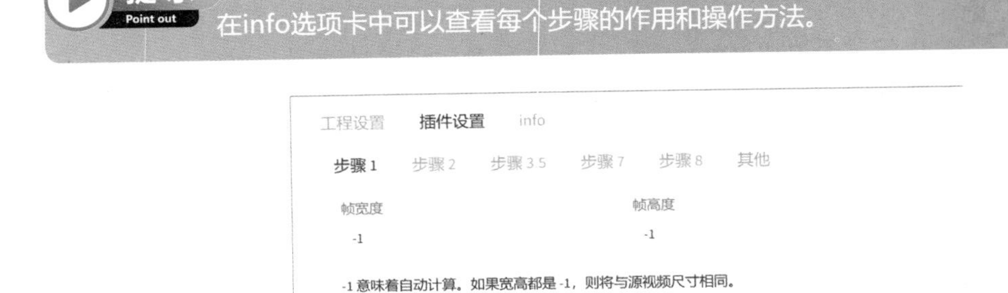

图5-61

在页面右侧单击“步骤1”单选按钮后，单击“生成”按钮，等待按钮下方出现帧序列转换完成的提示，如图5-62所示。打开工程目录文件夹，我们可以看到里面有两个子文件夹，一个用于保存所有帧画面，另一个用于保存每一帧图片的角色遮罩，如图5-63所示。如果子文件夹中没有生成遮罩图片，说明插件的配置有问题。

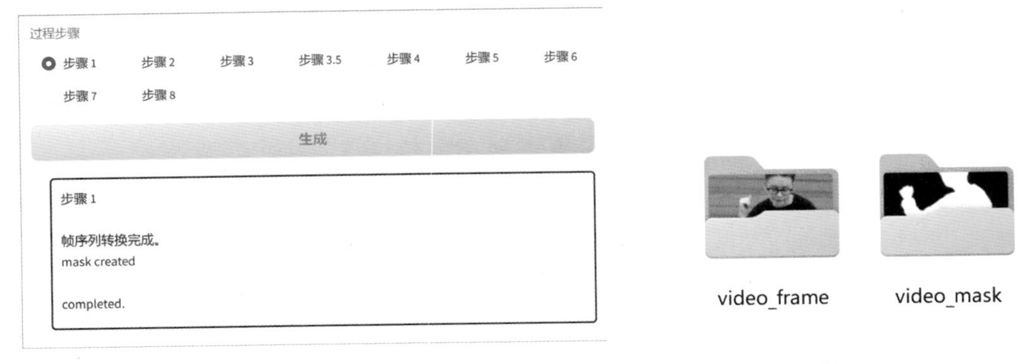

图5-62

图5-63

接下来，在“插件设置”选项卡中，利用“关键帧间隔差异阈值”参数设置提取关键帧的数量，如图5-64所示。这个数值越大，提取的关键帧数量就越少。减少关键帧的数量可以更快地生成视频，同时还能减少画面的闪烁。但需要注意的是，这样做可能会导致负面效果，也就是角色动作的连贯性下降。

图5-64

在页面右侧单击“步骤2”单选按钮后，单击“生成”按钮，提取的关键帧图片会保存到工程目录中的“video_key”文件夹里。接着，单击“步骤3”单选按钮，然后单击“生成”按钮，下方将出现第3步的操作提示。

切换到“图生图”选项卡，从工程目录中的“video_key”文件夹中上传一张图片。接下来，像之前在mov2mov插件中的操作一样，选择模型后输入提示词。随后，开启ControlNet，并根据需要决定是否开启After Detailer。把“重绘幅度”参数设置为0.5，然后生成图片。在获得满意的图片后，锁定随机种子，如图5-65所示。

提示 Point out

因为每帧图片的背景和角色经过重绘后都会产生一定的随机变化，所以连续播放时可能出现画面闪烁的问题。ebsynth utility提供的解决方案是：利用遮罩把角色与背景分离，这样可以避免重绘背景，从而减轻闪烁问题。因此，在测试风格时，我们只需关注角色的效果，而不必考虑背景的变化。

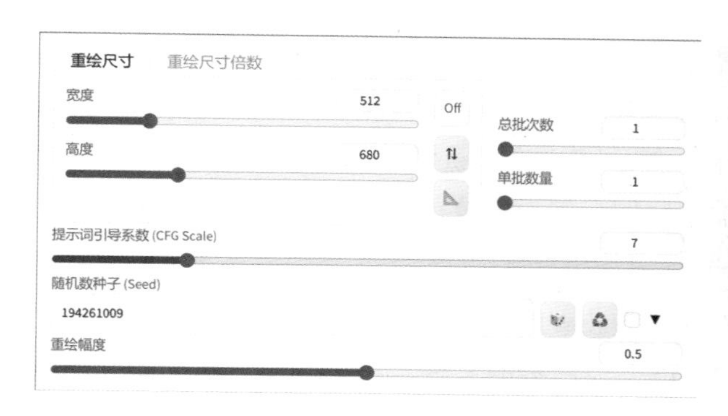

图5-65

在获得满意的图片后，在页面最下方的“脚本”下拉菜单中，选择“ebsynth utility”。然后在“工程目录”文本框中输入ebsynth utility选项卡中的路径，如图5-66所示。

脚本

ebsynth utility

工程目录（不可包含中文、下换线和特殊符号）

D:\1

图5-66

单击“生成”按钮将重绘所有关键帧图片，并将重绘的关键帧图片保存在工程目录下的“img2img_key”文件夹中。生成完毕后，我们需要检查一下图片，如果某个帧的画面出现问题，可以用Photoshop进行处理或者删除这一帧，如图5-67所示。

图5-67

步骤3.5是对重绘的图片进行校色处理，但大多数情况下这一步骤并不需要。至于步骤4，则是放大关键帧图片，如果无须放大视频或者使用Topaz Video AI进行放大，则可以跳过这一步。

放大关键帧图片的具体方法是，在“ebsynth utility”选项卡中，单击“步骤4”单选按钮，随后单击“生成”按钮，会弹出操作说明。接着，切换到“后期处理”选项卡，单击“批量处理文件夹”选项卡，然后在“输入目录”和“输出目录”文本框中输入操作说明中提到的路径。利用“缩放比例”参数设置放大倍数，在“放大算法1”下拉菜单中选择“R-ESRGAN 4x+ Anime6B”，如图5-68所示。

在“ebsynth utility”选项卡中，单击“步骤5”单选按钮，随后单击“生成”按钮。这会在工程目录中生成若干以“.ebs”为后缀的文件。接下来，使用EbSynth程序打开第一个文件，再单击最下方的“Run All”按钮，等待生成插值图片，如图5-69所示。

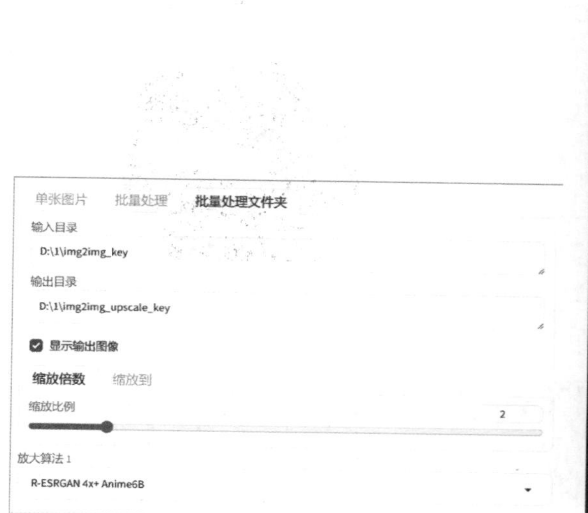

图5-68

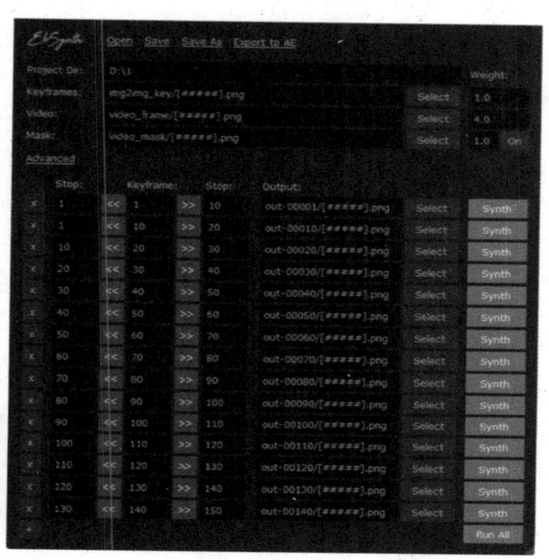

图5-69

依次运行所有的.ebs文件，返回到WebUI。在“ebsynth utility”选项卡的“插件设置”选项卡中单击“步骤7”。在“输出类型”下拉菜单中选择视频格式为mp4，如图5-70所示。

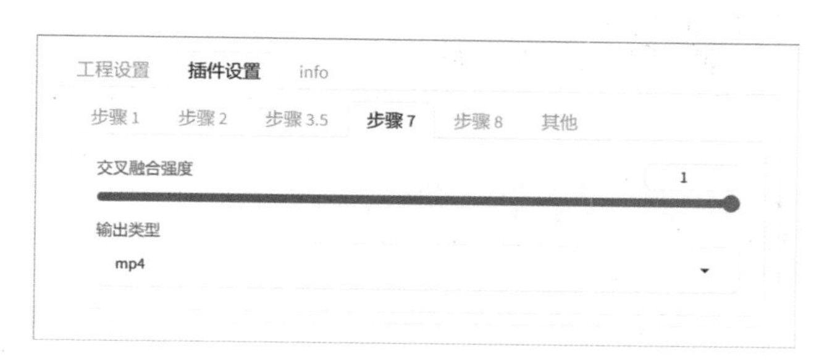

图5-70

在右侧的窗口中，单击“步骤7”单选按钮后，再单击“生成”按钮，则工程目录中会生成相应的视频文件。此外，还可以把一张单色图片的后缀修改为“.mp4”，随后在“插件设置”选项卡中单击“步骤8”，输入文件的路径，如图5-71所示。接着，在右侧的窗口中单击“步骤8”单选按钮，再单击“生成”按钮，即可获得单色背景的视频，如图5-72所示。

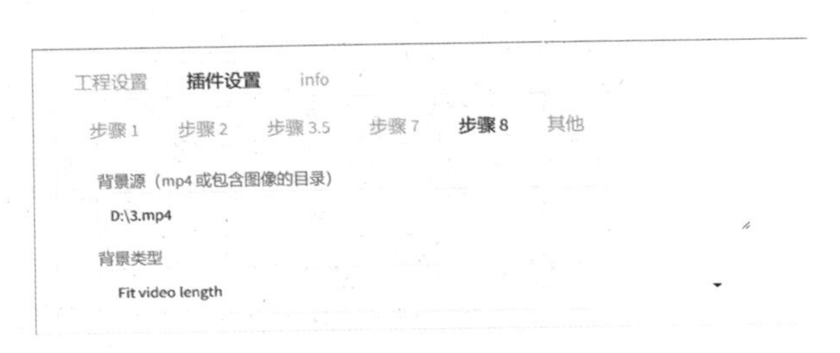

图5-71

图5-72

5.6 提示词生成流畅动画

OpenAI公司发布的Sora模型让人们感受到了文生视频的无限魅力，同时也标志着AI技术突破了文字和图片领域，进入了视频领域。尽管像Sora这样的模型在短时间内还无法大范围运用，但是在Stable Diffusion中，我们可以通过一款名为AnimateDiff的插件，在家用级别的显卡上实现文生视频、图生视频以及视频风格的迁移。

在使用插件之前，需要单击页面上方的“设置”选项卡，在左侧的列表中选择“优化设置”，勾选“补齐正向/反向提示词到相同长度”复选框，如图5-73所示。

检索...
保存路径
图像保存
保存到文件夹
兼容性
扩展模型
优化设置
采样方法参数
SD
SDXL
VAE
图生图
画廊

Cross-Attention 优化方案
Automatic
[PR] 反向提示词引导最小 sigma (当图像接近生成完成时, 跳过部分步数的负面提示词影响; 0=禁用, 数值越大=越快速) 0
[PR] Token 合并比率 (0 = 禁用, 数值越大 = 越快速) 0
图生图的 Token 合并比率 (仅在数值设置为非零时启用, 启用时覆盖原 Token 合并比率设置) 0
高分层的 Token 合并比率 (仅在数值设置为非零时启用, 启用时覆盖原 Token 合并比率设置) 0
补齐正向/反向提示词到相同长度 (当正向提示词与反向提示词长度不同时启用本选项可以提升性能; 影响随机性)
持久化调整缓存 (如果提示词未更改，则不再重新从提示词计算调整参数)
批量应用正向/反向调整 (在同一批次中同时进行正向与反向调整去噪；采样期间将使用更多显存，但会提高速度；过去由 --always-batch-cond-uncond 命令行参数控制)

图5-73

AnimateDiff提供了多种生成动画的方式，第一种是使用提示词生成动画。在文生图中选择风格大模型后，输入提示词，并把采样方法设置为“Euler a”，将“迭代步数”设置为25，如图5-74所示。

使用AnimateDiff实现文生动画时，请注意正反提示词的数量不要超过75个字符，否则生成的动画可能会出现前后内容不一致的问题。

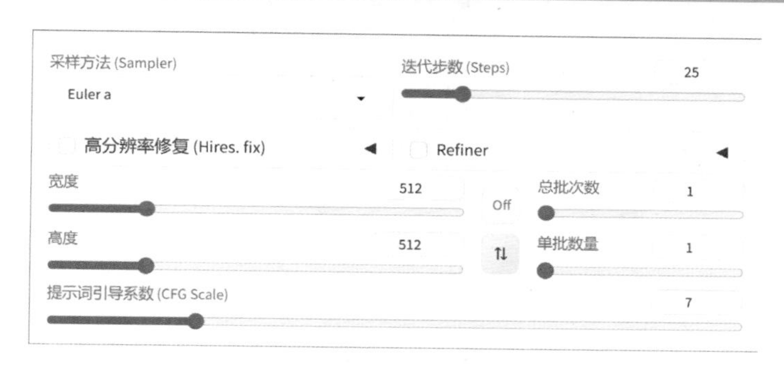

图5-74

展开“AnimateDiff”可折叠面板，勾选“启用AnimateDiff”复选框。在“动画模型”下拉菜单中选择“v3_sd15_mm.ckpt”。SD1.5版的动画模型有V1、V2、V3三种，选择版本最高的V3模型可以获得更平滑的动态效果。接下来设置“总帧数”为16，“帧率”为8。在“保存格式”选项组中选择视频文件的格式。可以勾选多个复选框，以合成不同格式的视频，如图5-75所示。需要注意的是，如果只生成MP4格式的视频，那么视频生成后在WebUI中无法预览。

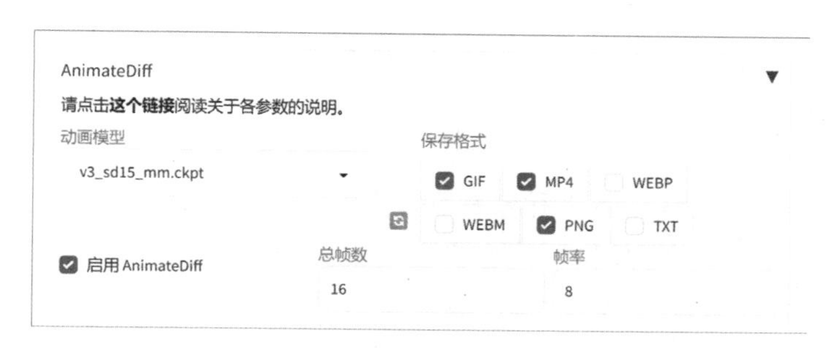

图5-75

“显示循环数量”参数用来设置生成后的GIF动画循环播放的次数。在“闭环”选项组中选择动画的循环方式。选择“A”表示动画的第一帧和最后一帧相同，产生无缝循环的播放效果；选择“N”表示完全不循环；剩下的R+P和R-P方式用来控制提示词跃迁中是否采用循环。“上下文单批数量”参数用来控制在动画模型中一次生成多少帧；“步幅”参数决定了上下文的关联性，也就是画面的变化程度；“重叠”参数用来设置上下文的重叠帧数，默认的-1，表示重叠4帧，如图5-76所示。由于AnimateDiff的动画模型是用16帧的素材训练的，在这个帧率下可以得到最佳效果，因此除非有特殊需要，否则不要修改“上下文单批数量”“步幅”和“重叠”这3个参数。

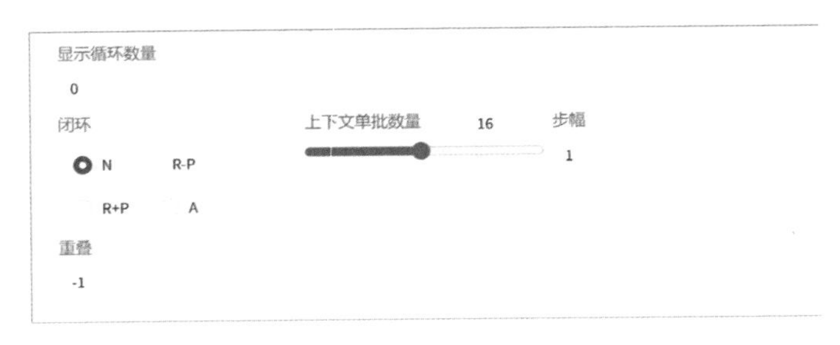

图5-76

接下来在提示词中加入“mm_sd15_v3_adapter”Lora模型，让V3动画模型的运动更加自然。然后利用权重值控制动作的变化幅度，权重值越高，动作的变化幅度越小，如图5-77所示。现在只需单击“生成”按钮，即可生成动画。

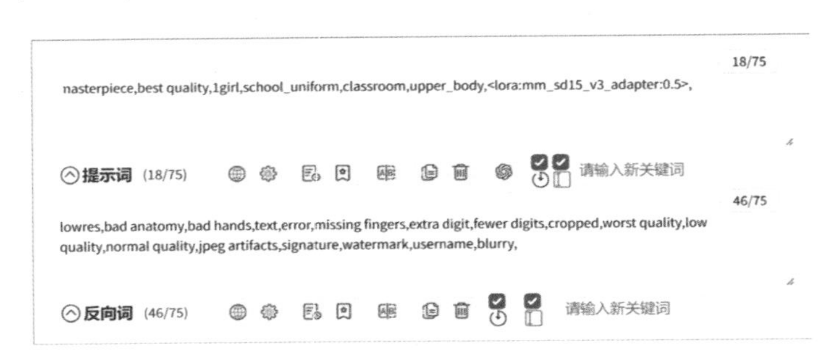

图5-77

由于动画的帧率比较低，因此看起来不够流畅。如果WebUI中安装了Deforum插件，可以在“帧插值”中单击“FILM”单选按钮，然后增大“插值次数X”和“帧率”的数值。例如，把“插值次数X”设置为3，表示在每两帧之间插入3帧的过渡画面。如果把“帧率”参数也乘以这个倍数，就能让相同时长的动画变得更流畅，如图5-78所示。需要注意的是，如果不修改“帧率”参数，动画的时长会增加3倍。

Deforum插件不用进行任何设置，再次单击“生成”按钮，即可获得平滑流畅的动画视频。

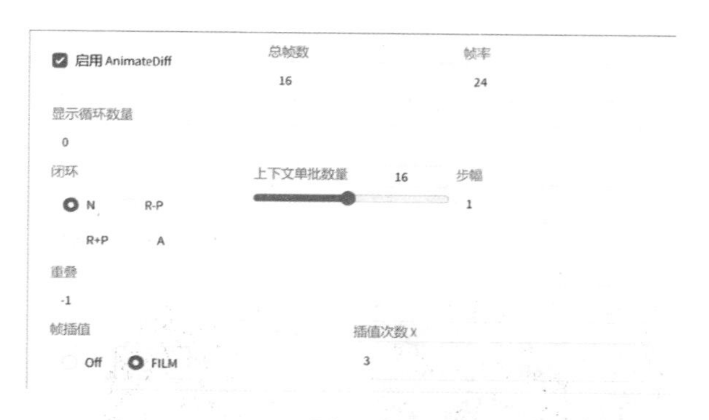

图5-78

AnimateDiff提供了8种运镜Lora模型，如图5-79所示。添加Lora模型能够为画面带来镜头运动的效果。通过调节权重值，可以控制运动幅度，同时还要在“AnimateDiff”可折叠面板中单击“N”单选按钮。

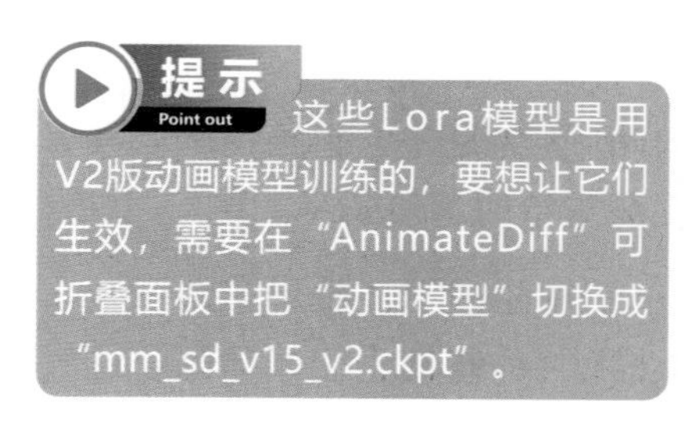

图5-79

第二种生成动画的方式是通过提示词驱动关键帧动画，也就是提示词跃迁。根据图5-80所示的语法输入提示词，第二行的“0:closed mouth”表示第1帧时让角色闭着嘴，第三行的“16:open mouth”表示第16帧时让角色张开嘴。利用这种方法还可以实现场景更换、角色变装等动画效果。

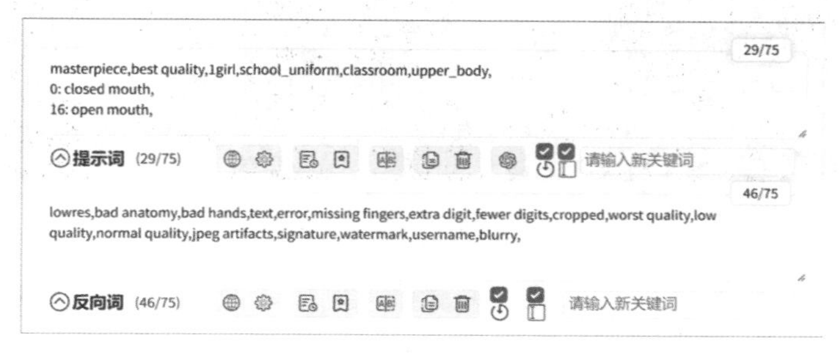

图5-80

第三种生成动画的方式是视频生成动画。在文生图的“AnimateDiff”可折叠面板中上传一个视频，插件会自动读取该视频的总帧数和帧率，我们根据需要修改这两个参数，然后用提示词描述画面内容。如果导入的视频包含人物，还需要开启ControlNet，并使用OpenPose控制角色的动作。单击“生成”按钮后，插件将重新绘制视频中的每一帧画面，如图5-81所示。

图5-81

与上一节中介绍的ebsynth utility插件相比，AnimateDiff因为是完全重绘，所以具有很强的风格性，画面几乎不会出现闪烁，唯一的缺点是视频重绘时间较长。

第四种生成动画的方式是图生视频。假设我们在文生图中生成了一张满意的图片，但若锁定了随机种子并开启了AnimateDiff，就不会在这张图片的基础上生成动画。这时可以单击🖼按钮把图片和生成参数发送到图生图中，把“重绘幅度”设置为0.8，再开启AnimateDiff，然后生成图片，如图5-82所示。

图5-82

第五种生成动画的方式是图片驱动关键帧。例如，我们在图生图中上传一张蓝天白云的图片，开启AnimateDiff后，在最下方的窗口中上传一张星空图片，如图5-83所示。

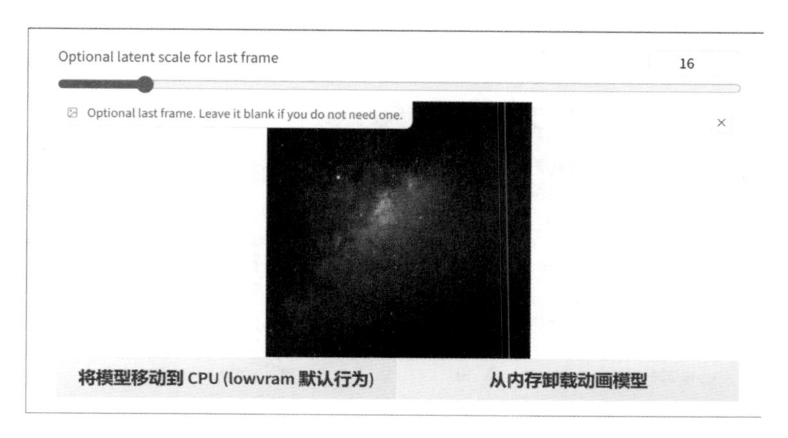

图5-83

在提示词中输入“cloud,starry sky”，把“重绘幅度”设置为0.8，即可生成白云流动并逐渐转换成星空的动画，如图5-84所示。增大“Optional latent scale for last frame”参数值可以延长关键帧图片，即星空在动画中的持续时长。

图5-84

5.7 快速打造瞬息全宇宙

Deforum也是一款文生视频插件，它把提示词跃迁和运镜结合到一起，生成的视频让人仿佛穿越不同时空，因此又被称作瞬息全宇宙。本节将介绍使用Deforum生成视频的方法。

在使用Deforum时，由于设置参数非常多，初次使用时很难厘清头绪。为了简化操作，首先在文生图中选择一个大模型，然后在预设样式中导入画质和反向提示词。在本例中，我们选择了SDXL-Lightning版的大模型，因此需要按照该模型的要求把“采样方法”设置为“Euler a”，“迭代步数”设置为8，并将“提示词引导系数”设置为1。

接下来，设置生成尺寸，输入画面内容提示词，生成图片。在获得满意的图片后锁定随机种子，如图5-85所示。

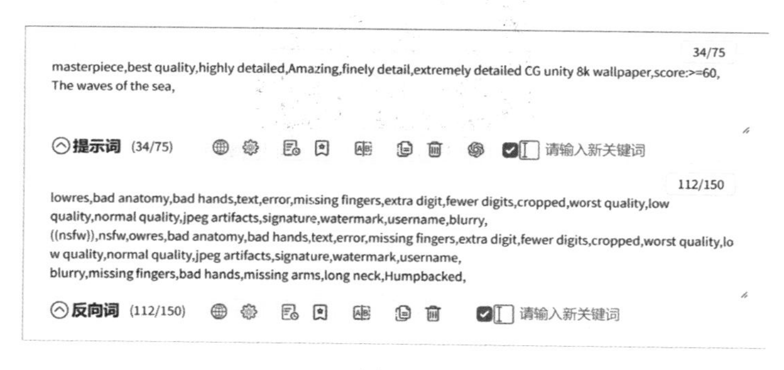

图5-85

以上这些流程和设置我们已经相当熟悉了。现在切换到“Deforum”选项卡，在“运行”选项卡中设置相同的采样方法、迭代步数、生成尺寸和种子数，如图5-86所示。

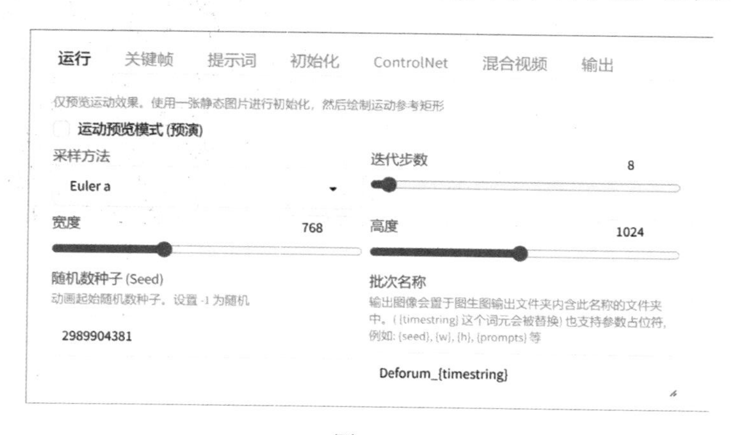

图5-86

在“输出”选项卡中，根据需要设置“帧率”参数。然后，进入“关键帧”选项卡，将帧率乘以想要的视频时长，得到“最大帧数”。在“动画模式”选项组中选择“3D”，在“边界处理模式”选项组中选择“覆盖”，如图5-87所示。

图5-87

在“强度”选项卡中，“强度调度计划”参数用来控制上一帧图像对下一帧图像的影响程度，该数值最好设置为0.5~0.6。

进入“CFG”选项卡，在“CFG系数调度计划”中输入“0:(1)”，如图5-88所示。需要注意的是，如果使用的是SD1.5和SDXL版的大模型，就不要修改这个参数。

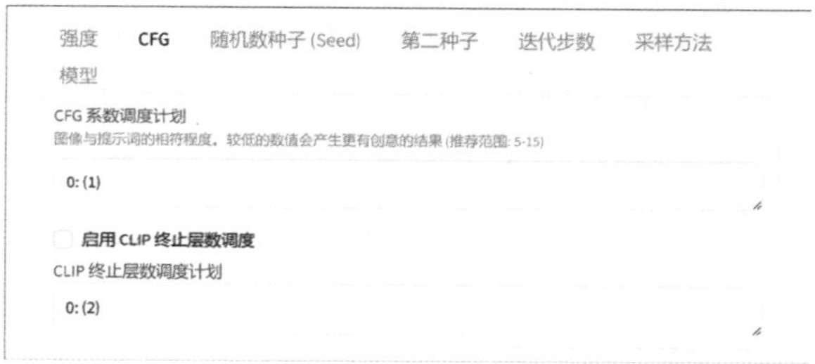

图5-88

在“运动”选项卡中可以设置镜头的运动方式，例如“平移Z”中的“0: (1.75)”，其冒号前的数字代表帧数，圆括号里的数字代表运动量。如果数值大于0，表示镜头向前运动；如果数值小于0，则表示镜头向后运动。另外，在“平移 X”中输入“0: (-3), 80:(3)”，表示从第1帧开始镜头向左移动，从第80帧开始镜头向右移动，如图5-89所示。

图5-89

在“运行”选项组中勾选“运动预览模式”复选框，然后单击“生成”按钮。通过预览图片中的摄像机运动轨迹，可以大致了解运镜效果，如图5-90所示。

图5-90

进入“提示词”选项卡，在“正向提示词”中只输入画质提示词，在“反向提示词”中输入反向提示词。在“提示词”文本框中提供了设置好的模板，模板中的提示词分成4段，每段提示词都会生成一个画面，4个画面依次呈现就能得到我们所需的视频。

把文生图中的画面提示词输入到第一段中，然后修改剩下3段的提示词内容。当然，根据需要，我们也可以删除或者添加更多段落。接下来，调整每个段落前面的数字，以控制每个画面具体在第几帧时出现，如图5-91所示。

提示词
JSON 格式的完整提示词列表，左边的值是帧序号

```
{
  "0": "The waves of the sea",
  "40": "Mountains, lakes, rocks",
  "80": "ancient architecture,clouds and mist,flying birds",
  "120": "star sky, starry sky, milky way,Hot air balloon "
}
```

正向提示词

masterpiece,best quality,highly detailed,Amazing,finely detail,extremely detailed CG unity 8k wallpaper,score:>=60,

反向提示词

lowres,bad anatomy,bad hands,text,error,missing fingers,extra digit,fewer digits,cropped,worst quality,low quality,normal quality,jpeg artifacts,signature,watermark,username,blurry

图5-91

进入“初始化”选项卡，勾选“启用初始化”复选框后，在“初始化图像链接”中输入一张图片的路径，即可从该图片开始时引导生成画面，如图5-92所示。

如果想在图片前面插入一段视频，以实现打开一扇门或者推开一扇窗后出现瞬息全宇宙的故事性效果，可以把视频的最后一帧截取成图片，然后将截取的图片上传到初始化选项卡中。生成视频后，再使用剪辑软件将其合成到一起。

图5-92

最后进入“输出”选项卡，根据需要设置“帧率”参数，如图5-93所示。在这里不建议放大图像和添加音轨文件，因为在Topaz Video AI软件中进行放大和插帧的速度更快，效果也更好。另外，在后期处理软件中合成音频文件可以避免产生音画不同步的问题。

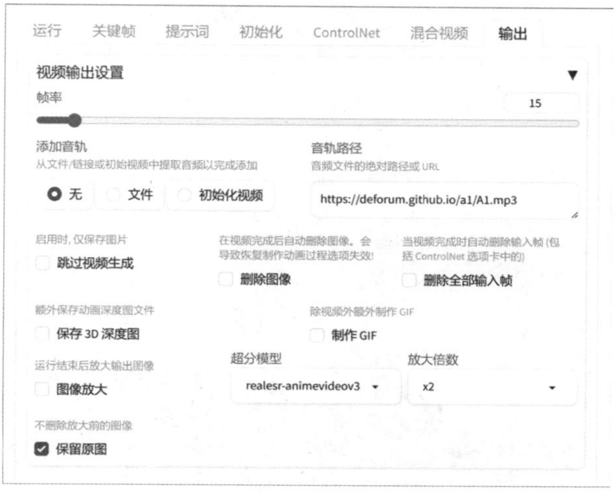

图5-93

单击“生成”按钮开始生成视频。生成完毕后，可以单击“生成”按钮上方的按钮预览视频。若需要，可以单击页面下方的“保存设置”按钮，把当前的所有设置参数保存在文档中，以便分享或下次使用，如图5-94所示。

图5-94

第6章

把Stable Diffusion集成到Photoshop中

新版Photoshop中有许多基于AI算法的功能，其中最受瞩目的是创成式填充和生成式扩展。这两项功能可以根据语义信息和图片的局部特征填充内容，也就是说，只需输入文字即可生成匹配的图片。然而，令人遗憾的是，使用这些功能会遇到生成的内容过于随机等问题，反复"抽卡"生成也不一定能得到想要的效果。

相较而言，Stable Diffusion拥有丰富的模型和插件，生成的内容精确可控，并且不受网络环境的影响。把Stable Diffusion集成到Photoshop中，不仅可以弥补Photoshop无法使用生成式AI的缺憾，还能借助Photoshop的编辑优势，提升Stable Diffusion的出图效率。

6.1 用插件打通Photoshop和Stable Diffusion

要在Photoshop中调用Stable Diffusion，需要安装一款名为Auto Photoshop Stable Diffusion Plugin的插件（以下简称SD插件）。需要注意的是，这款插件只支持24（2023）或更高版本的Photoshop。

要安装插件，首先登录开发者的GitHub仓库，网站地址是“https://github.com/AbdullahAlfaraj/Auto-Photoshop-StableDiffusion-Plugin”。单击页面右上方的“Code”，然后单击“Download ZIP”，下载Stable Diffusion插件的压缩包，如图6-1所示。下载完成后，把所有文件解压缩到Stable Diffusion WebUI启动器安装根目录下的“extensions”文件夹中。

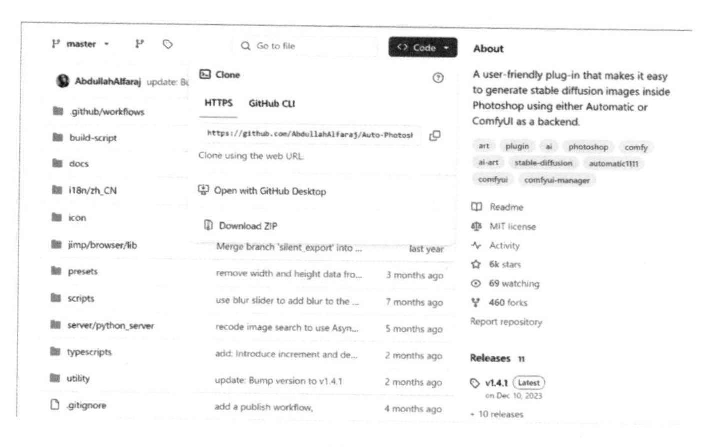

图6-1

继续在页面右侧的Releases中单击“V1.4.1”，下载Photoshop插件的压缩包，如图6-2所示。下载完成后，把所有文件解压到Photoshop安装根目录下的“Plug-ins”文件夹中。

图6-2

在Stable Diffusion WebUI启动器中，单击“一键启动”，等待进程加载完成后打开Photoshop。执行“增效工具/Auto Photoshop Stable Diffusion Plugin/SD插件”命令打开插件窗口，单击“设置”选项卡，接着单击“Automatic111”单选按钮，再重新运行Photoshop，如图6-3所示。

提示 Point out 使用SD插件的过程中可以关闭WebUI，但是绘世启动器需要一直保持运行。

现在SD插件已经可以正常使用了，我们先来了解一下插件的基本操作流程。按Ctrl+N快捷键新建一个1024×1024像素的文件，然后按Ctrl+A快捷键选取整个画布或者在画布上拖出一个矩形选区。注意，SD插件只能在选区范围内生成内容。如果画布上没有选区，那么在生成图片时会弹出如图6-4所示的提示窗口。

图6-3

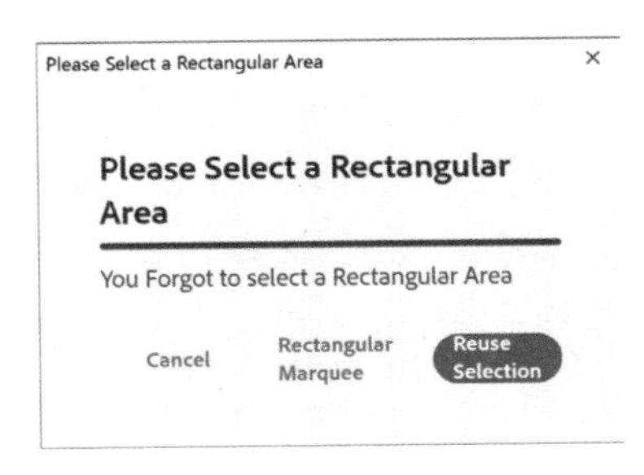

图6-4

在“稳定扩散”选项卡第一行的下拉菜单中选择大模型，在第二行左侧的下拉菜单中选择Lora模型，在第二行右侧的下拉菜单中选择嵌入式模型。在“提示词”可折叠面板上方的文本框中输入正向提示词，在下方的文本框中输入反向提示词。SD插件已经输入了默认提示词和通配符，如图6-5所示。单击“生成Txt2Img”按钮，画布的选区范围内就会生成图片，如图6-6所示。

如果生成结果不理想，可以单击“Generate more”按钮，使用上次的选区重新生成内容。我们也可以提高“批量计数”参数，以便连续生成多张图片。当所有图片生成完毕后，展开“查看器”可折叠面板，通过拖曳最上方的滑块来调整缩略图大小。选中一个缩略图就能替换上次的生成结果，如图6-7所示。单击按钮可以把所有生成结果都添加到新图层上，如图6-8所示。

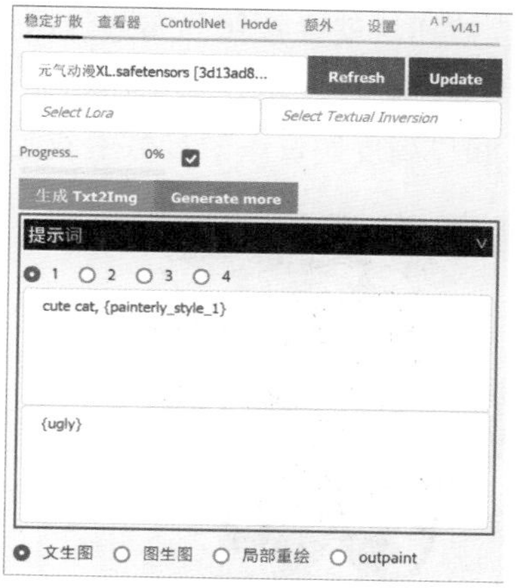

图6-5

图6-6

图6-7

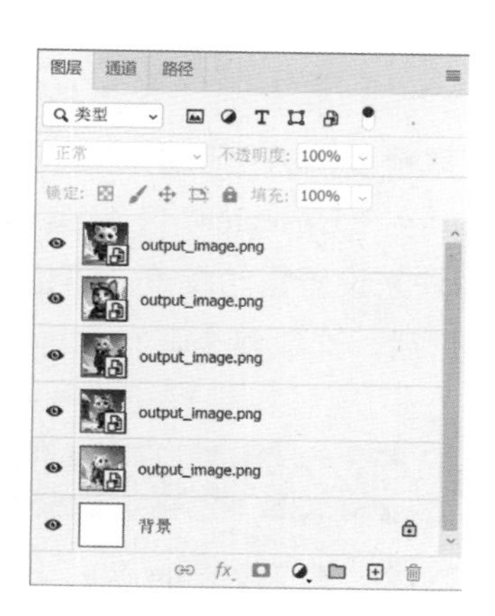

图6-8

现在的生成结果看起来比较模糊，这是因为无论我们创建多大尺寸的画布，或者选择什么形状的选区，在默认设置下，SD插件都会把短边的尺寸设置为512像素。例如，我们现在创建的是1024×1024像素的画布，选取整个画布后，“宽度”和“高度”参数右侧会出现红色“↓x4.00”标注，表示用512×512像素的尺寸生成内容并填满画布后，像素密度会下降为原来的1/4，如图6-9所示。

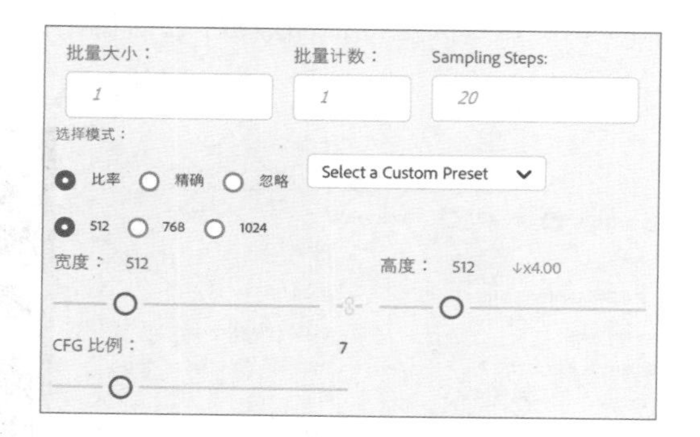

图6-9

在“选择模式”选项组中，单击“精确”单选按钮，就会按照画布或选区的实际分辨率生成画面更清晰、内容和细节更丰富的图片，如图6-10所示。而单击“忽略”单选按钮，则会无视选区大小和形状，只按照“宽度”和“高度”设置的参数生成图片。

比率

精确

图6-10

高分辨率修复的方法是生成图片后单击“最后”按钮以锁定种子，然后勾选“高分修复”复选框，在“Upscaler”下拉菜单中选择采样算法。接着，拖动“High Res Denoising Strength”滑块来设置重绘幅度，再拖动“Hi Res Scale”滑块来设置放大倍数，如图6-11所示。完成设置后，选取整个画布，再单击“生成Txt2Img”按钮就会重绘图片。

提示 Point out 在进行高分辨率修复时，不能单击“Generate more”按钮，否则锁定的种子将被改变。

如果在512×512像素的画布上把生成结果放大1倍，则放大后的图片尺寸仍然是512×512像素。这是因为SD插件会将生成结果以智能对象的形式添加到图层中，所以直接按Ctrl+Alt+I快捷键把图像放大1倍也不会损失画质，如图6-12所示。

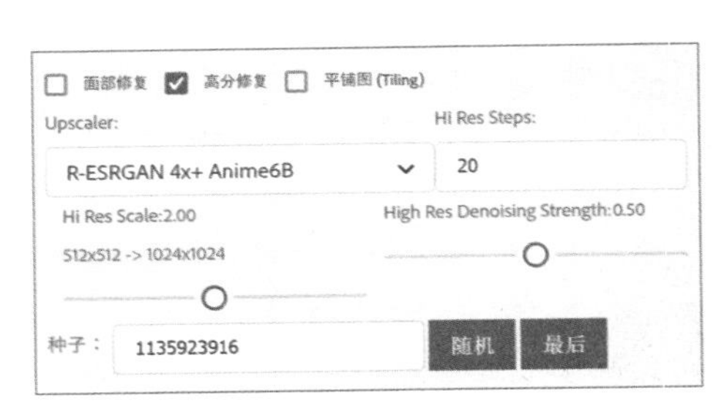

图6-11

图6-12

SD插件的“额外”选项卡的作用相当于WebUI中的后期处理功能。在这里，可以利用“Resize”参数设置放大倍数，在“Upscaler”下拉菜单中选择一种算法，或者通过两种算法的叠加放大图片，如图6-13所示。

在Photoshop中，我们还可以执行“滤镜/Neural Filters”命令，开启“超级缩放”选项，单击🔍按钮设置放大倍数后，再单击“确定”按钮，如图6-14所示。

图6-13　　　　图6-14

这两种方式的放大效果看不出明显差别，但相对来说，Neural Filters滤镜能在配置较低的计算机上实现更高倍率的放大。

6.2 使用技巧和注意事项

文生图、图生图、局部重绘和ControlNet都可以在SD插件中实现，它们的界面布局和设置参数大同小异。唯一美中不足的是，目前SD插件支持的插件比较少，特别是在编写提示词时没有WebUI方便。为了解决这个问题，插件作者提供了通配符功能，类似于WebUI中的预设样式。我们需要事先编写好通用的正向提示词和反向提示词，然后用花括号和短句快速套用。

单击“查看器”选项卡后，再单击“Prompts Library”，在最下方的下拉菜单中选择一个标签，上方的文本框中就会显示这个标签包含的提示词，如图6-15所示。

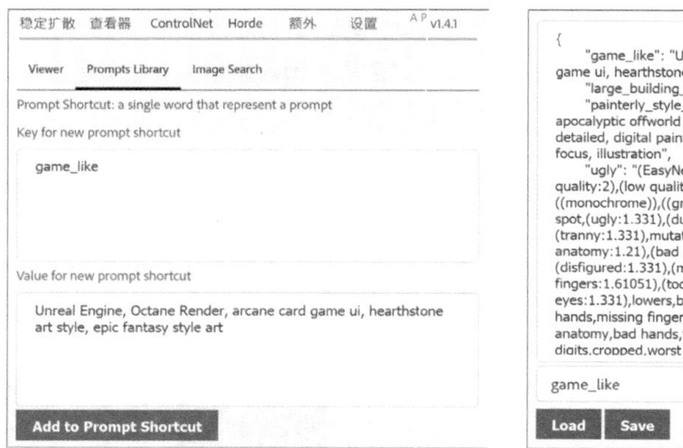

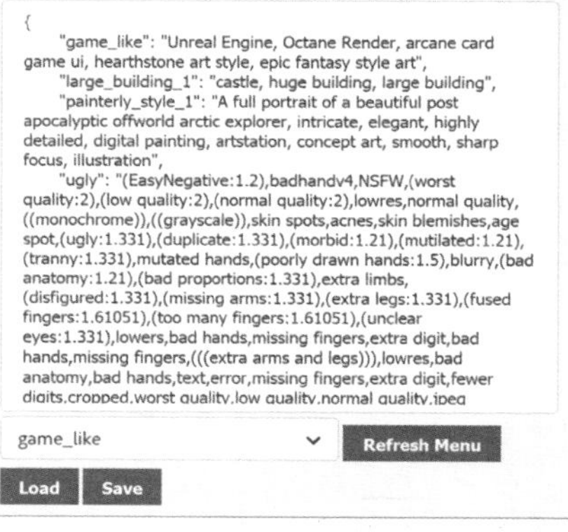

图6-15

单击“Refresh Menu”按钮后，在第一个文本框中输入新的标签名称，在第二个文本框中输入提示词内容，然后单击“Add to Prompt Shortcut”按钮将其添加到最下方的提示词列表文本框中。最后，单击“Save”按钮保存列表，如图6-16所示。我们可以使用相同的方法，把自己常用的画质提示词和反向提示词都添加到提示词库中。

图6-16

在“稳定扩散”选项卡中，修改花括号中的标签名称就能切换不同的提示词预设。另外，单击“提示词”可折叠面板中的单选按钮可以切换到新的提示词窗口。在修改或者生成新内容时不用删除原来的提示词，如图6-17所示。

在SD插件里集成了One Button Prompt脚本。拖动“prompt Complexity”滑块来设置提示词的复杂程度，然后在3个下拉菜单中分别选择主题、艺术类型和图像类型。单击“Random Prompts”按钮随机生成3组提示词，继续单击“use”按钮发送提示词以生成图片，如图6-18所示。

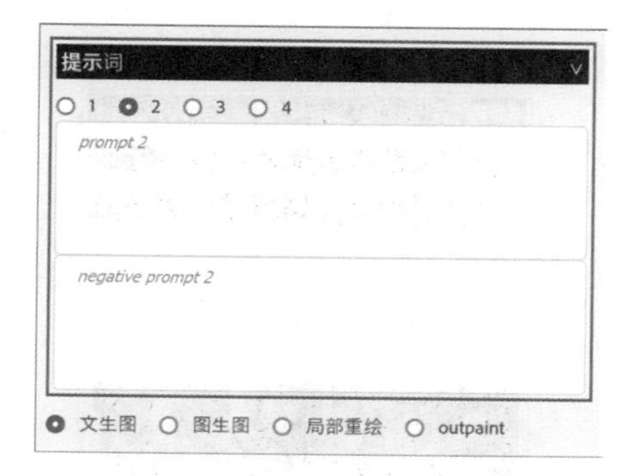

图6-17

图6-18

在WebUI中生成的图片可以自动保存到指定的路径中，并且会把生成参数写入图片的元数据。而SD插件也会保存生成的图片和生成参数，但是没有给出明确的路径地址和打开途径。

执行“增效工具/Auto Photoshop Stable Diffusion Plugin”菜单中的第二个“SD插件”命令，在打开的窗口中展开“历史记录”可折叠面板，单击“Load Previous Generations”按钮显示当前画布上生成过的所有图片。把光标移到一个缩略图上，单击右下角的按钮可将图片添加到图层面板上，单击左下角的按钮可将该图片的种子值发送到“稳定扩散”选项卡中，如图6-19所示。

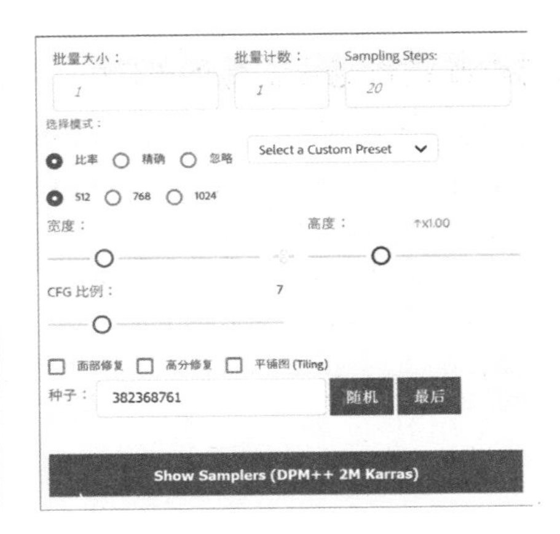

图6-19

SD插件生成的所有图片都被保存在“C:\Users\用户名\AppData\Roaming\Adobe\UXP\PluginsStorage\PHSP\25\External\auto.photoshop.stable.diffusion.plugin\PluginData”文件夹中。每张图片都有一个对应的JSON格式的文件，其中记录了图片的生成参数，可以用“记事本”应用打开该文件来查看记录的内容，如图6-20所示。

图6-20

SD插件提供了自定义预设功能，利用这项功能可以一键切换生成参数。例如，我们在“稳定扩散”选项卡中选择一个常用的大模型，设置好“Sampling Steps”参数后选择采样方法；展开“Custom Preset”可折叠面板，输入预设名称后单击“Generate Preset”按钮和“Save Preset”按钮，如图6-21所示。

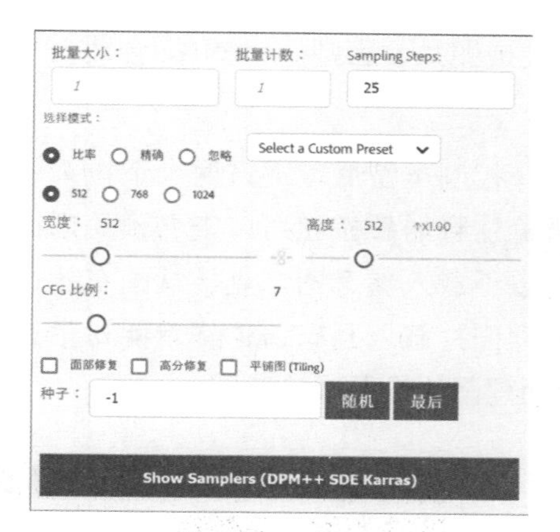

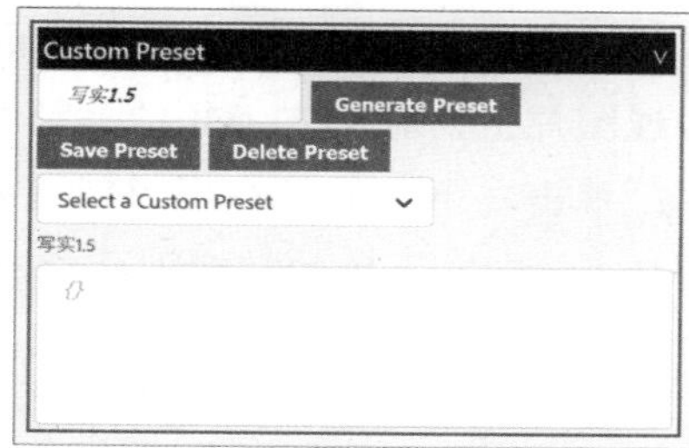

图6-21

接下来，选择一个SDXL大模型，按照模型的要求设置参数后创建预设。然后，在图6-22所示的下拉菜单中选择预设名称，即可切换大模型并且设置常用参数。

在SD中使用ControlNet时，有一些需要注意的事项。在“ControlNet”选项卡中，勾选一个单元可折叠面板右侧的复选框将其开启。在默认设置下，“Auto Image”复选框是被勾选的，如图6-23所示。打开一张参考图后，只要选取整个画布，在参考图上生成内容时就会自动载入画面。

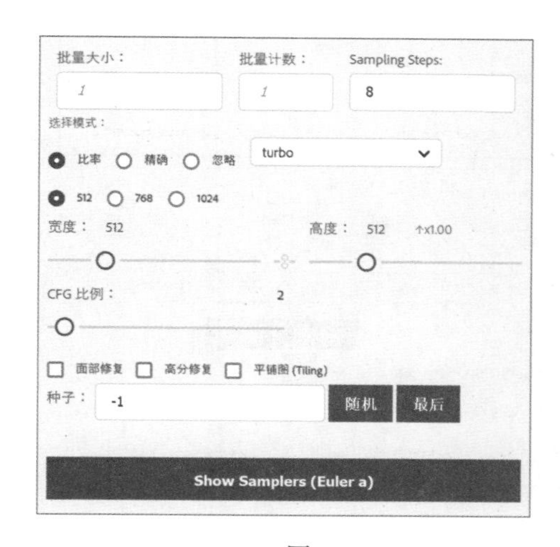

图6-22

图6-23

如果需要在新建的画布而不是参考图上生成内容，则需要选取整个参考图，然后单击“设置原始图”按钮手动载入画面，接着取消勾选“Auto Image”复选框，如图6-24所示。接下来才能在新建的画布上拖出选区以生成图片，否则ControlNet会载入新建画布上的空白内容，导致生成图片失效。

如图6-25所示，在第一个下拉菜单中选择控制类型后，下方两个下拉菜单中会自动载入默认的预处理器和控制模型。单击“预览注释器”按钮可以查看预处理结果。将光标移到预处理图片上，单击左上角的按钮可以不载入参考图，直接从画布的选区中提取预处理图片；单击右下角的按钮可以把预处理图片载入画布，这样就能对预处理图片进行编辑和修改；单击左下角的按钮则是把预处理图片设置成参考图。

图6-24

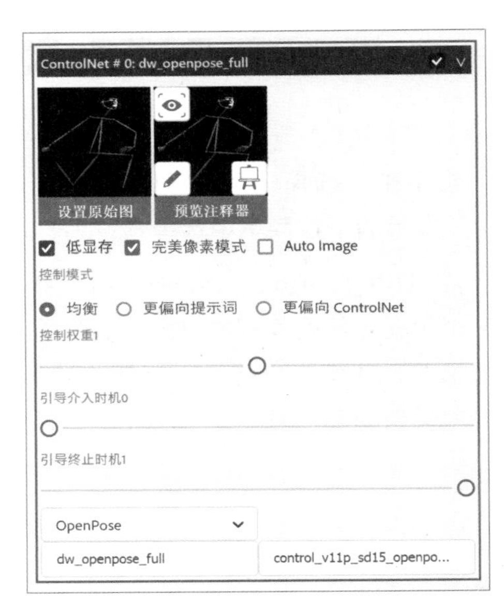

图6-25

在“稳定扩散”选项卡中没有WebUI中的“外挂VAE模型”下拉菜单。用于调整图片色彩的下拉菜单被放置在“设置”选项卡中，如图6-26所示。

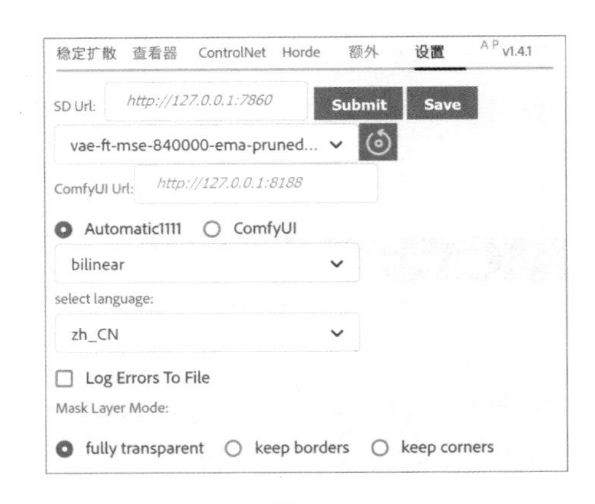

图6-26

6.3 手绘草图转精美图片

对于很多Photoshop用户来说，Stable Diffusion的最大意义在于提供素材。驾驭了运用AI的方法就相当于拥有了一个无限的素材库（这个素材库随时在线且内容无限），时不时还能带来令人惊喜的内容。本节将介绍如何使用图生图功能和ControlNet把简笔画、形状，甚至把随手画的涂鸦转变成精美图片的方法。

在Photoshop中打开一张参考图，然后根据所需的画风选择大模型和Lora模型，接着输入画质和画面内容提示词，如图6-27所示。

图6-27

单击“提示词”可折叠面板下方的“图生图”单选按钮，把“Sampling Steps”参数设置为30，把“降噪强度”参数设置为0.65，如图6-28所示。接着，按Ctrl+A快捷键选取整个画布，然后单击“生成Img2Img”按钮，简笔画就会转变成写实风格的画了，如图6-29所示。

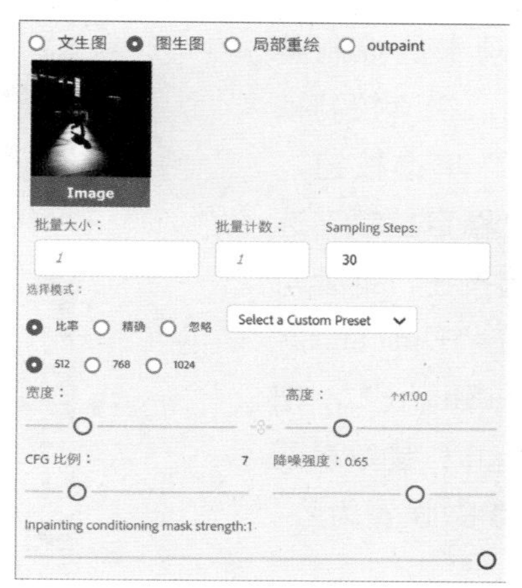

图6-28

图6-29

接下来，我们将利用ControlNet进一步增强画面的内容和细节。单击“ControlNet”选项卡，勾选“ControlNet#0”复选框，并在控制类型下拉菜单中选择“IP2P”，在“控制模式”选项组中单击“更偏向提示词”单选按钮，如图6-30所示。然后返回到“稳定扩散”选项卡，将“降噪强度”参数设置为0.75，随后生成图片，效果如图6-31所示。

图6-30

图6-31

我们还可以增大“降噪强度”参数，以给提示词更多的发挥空间，并在画面中添加更多内容，效果如图6-32所示。

在“ControlNet”选项卡的控制类型下拉菜单中选择“Tile”，在“控制模式”选项组中单击“均衡”单选按钮，如图6-33所示。接着，在“稳定扩散”选项卡中单击“文生图”单选按钮，继续勾选“高分修复”复选框，在“Upscaler”下拉菜单中选择“4x-UltraSharp”，把“High Res Denoising Strength”参数设置为0.6，把“Hi Res Steps”参数设置为5，如图6-34所示。

图6-32

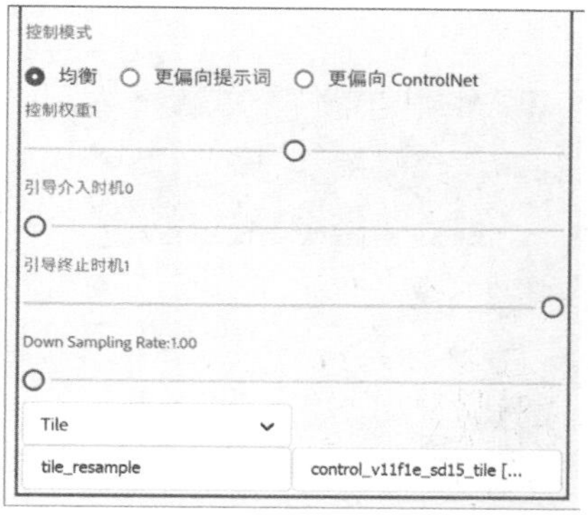

图6-33

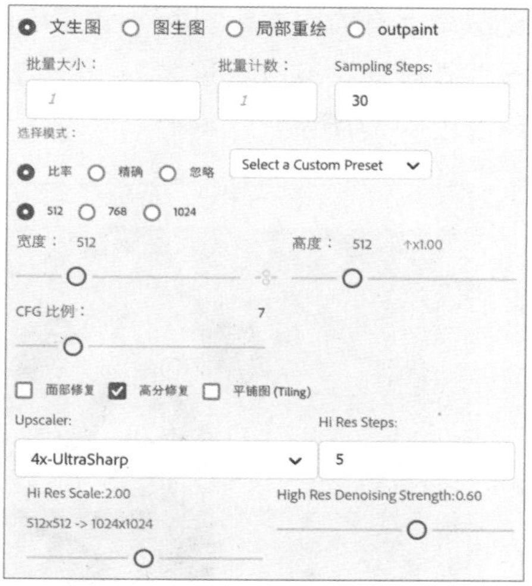

图6-34

再次生成图片后，按Alt+Ctrl+I快捷键将图片尺寸放大1倍，然后复制最上方的图层。接着，利用污点修复画笔和仿制图章工具修复图片中的错误和不合理的地方，最终效果如图6-35所示。

图6-35

修复图片时难免会留下一些痕迹。我们可以切换到图生图，单击“精确”单选按钮后，将“降噪强度”参数设置为0.2，再次生成图片，如图6-36所示。

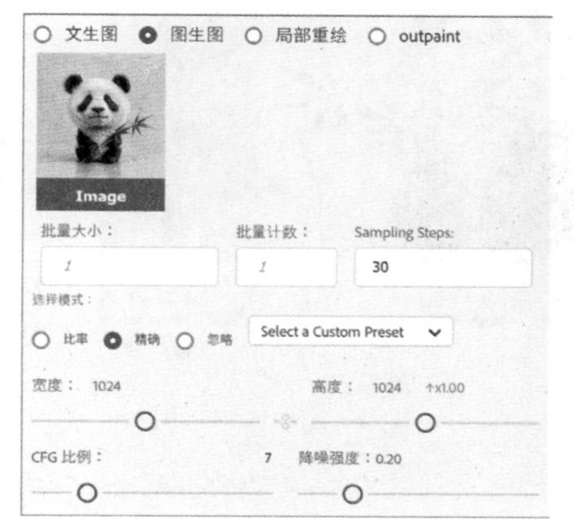

图6-36

复制最上方的图层，执行“滤镜/Camera Raw滤镜”命令，展开“效果”可折叠面板，把“清晰度”参数设置为5，把“去除薄雾”参数设置为15，把“晕影”参数设置为-15，如图6-37所示。

图6-37

展开“细节”可折叠面板，把“锐化”参数设置为50，把“减少杂色”参数设置为10，然后单击“确定”按钮完成设置，如图6-38所示。

图6-38

连续执行“图像/自动色调”“图像/自动色调”和“图像/自动色调”命令，然后执行“滤镜/Neural Filters”命令，开启“超级缩放”选项，单击按钮把图片放大1倍，这样我们就一步一步地把简笔画重绘成了真实风格的高清大图，如图6-39所示。

图6-39

没有参考图时，我们可以新建一个空白画布，然后用不同颜色的画笔工具大致勾画出想要的内容，然后重复前面的操作，也能得到相同的效果，如图6-40所示。

图6-40

Photoshop拥有海量的形状资源，这些形状也可以作为参考图。例如，我们新建一个512×680像素的画布，把前景色设置为#464646，激活自定义形状工具，按住Shift键在画布上拖出形状，如图6-41所示。

图6-41

选择大模型后输入提示词，我们还可以使用Lora模型增强画风。单击“图生图”单选按钮，把“降噪强度”参数设置为0.6，然后生成图片，效果如图6-42所示。

图6-42

切换到“ControlNet”选项卡，勾选“ControlNet#0”复选框，在控制类型下拉菜单中选择“Tile”，如图6-43所示。切换到“稳定扩散”选项卡，单击“文生图”单选按钮后勾选“高分修复”复选框，在“Upscaler”下拉菜单中选择“R-ESRGAN 4x+”，把“High Res Denoising Strength”参数设置为0.4，把“Hi Res Steps”参数设置为5，如图6-44所示。

生成图片后进行一些简单的调色处理，结果如图6-45所示。

图6-43

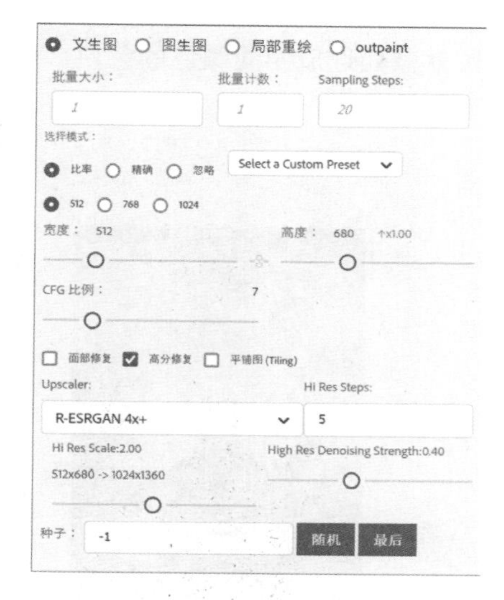

图6-44

图6-45

6.4 语义分割识别万物

语义分割就是给图片中的每个像素分配一个预定义的类别标签，用不同的颜色标注出图片中哪些区域是道路，哪些区域是天空，这样模型就能理解图像中包含哪些内容，或者让模型知道我们想生成哪些内容。

打开一张参考图，在“ControlNet”选项卡中勾选“ControlNet#0”复选框，在控制类型下拉菜单中选择“Seg”，选取整个画布后单击“设置原始图”和“预览注释器”按钮，参考图就被处理成不同颜色的色块，如图6-46所示。

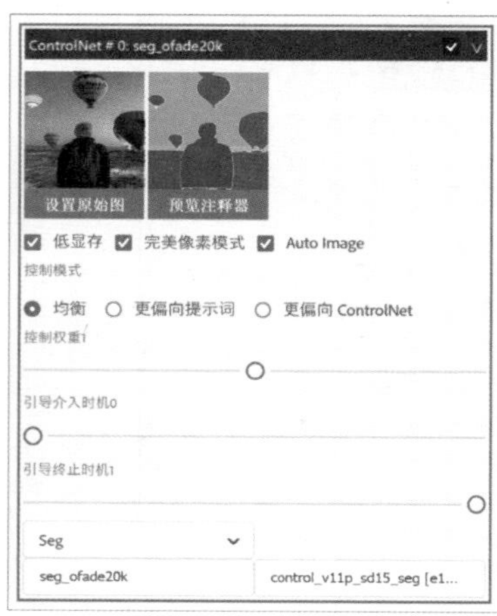

图6-46

在“稳定扩散”选项卡中只输入质量提示词后生成图片，AI就能识别参考图中的人、天空、草地和热气球，并且把每个对象的位置和形状都还原出来，如图6-47所示。

图6-47

Seg模型提供了3种预处理器：seg_ofade20k、seg_ofcoco和seg_ufade20k。这3种预处理器使用了不同模式的训练框架和数据集，主要区别是识别精度和识别的物体数量不同，以及语义和关联颜色的规则不一样，如图6-48所示。

提示 Point out

ofade20k预处理器的识别精度最高，可以识别150种物体。ofcoco预处理器可以识别132种物体，精度方面和ofade20k相比各有所长。ufade20k的识别精度比较低，一般不建议使用。

seg_ofade20k　　seg_ofcoco　　seg_ufade20k

图6-48

Seg模型的第一个作用是像Lineart和Depth模型一样迁移风格。相较而言，Seg模型仅从形状、位置和物体的内容三个维度进行还原，生成的结果不会受到参考图的细节影响，能让画面发生非常大的变化，如图6-49所示。

图6-49

Seg模型在预处理图片时使用不同的颜色值来表示物体。如果我们知道每种颜色代表的是什么物体，就可以修改预处理图片，以指导AI生成需要的画面。在Photoshop中，打开“色板”窗口，单击窗口右上角的≡按钮，执行“导入色板”命令，然后载入本书附赠素材提供的预设文件，如图6-50所示。

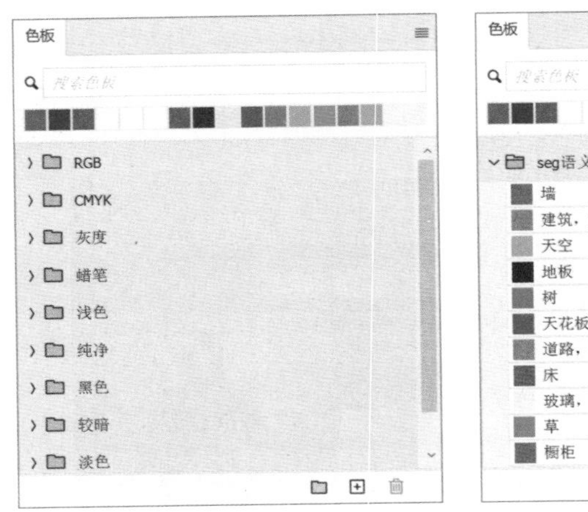

图6-50

打开一张参考图，在“ControlNet”选项卡中勾选“ControlNet#0”复选框，在控制类型下拉菜单中选择“Seg”，然后选取整个画布后单击“设置原始图”和“预览注释器”按钮，如图6-51所示。

图6-51

取消“Auto Image”复选框的勾选，然后把光标移到预处理缩略图上，单击缩略图右下角的按钮将其添加到新图层上，如图6-52所示。在“色板”窗口的搜索栏中输入“汽车”，找到汽车对应的颜色后单击颜色框，如图6-53所示。

图6-52

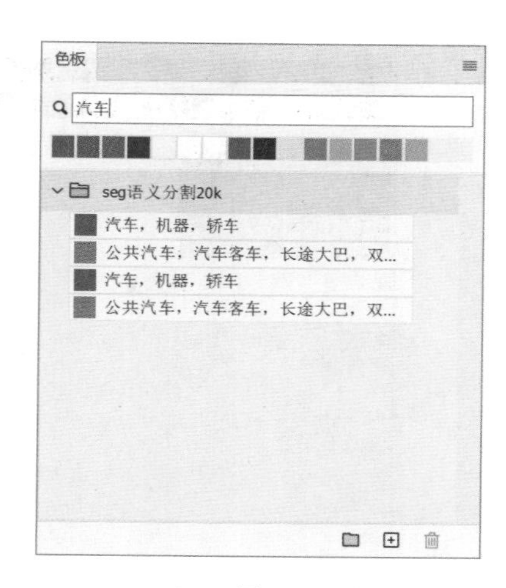

图6-53

在预处理图片上，使用画笔勾勒汽车的位置和大致形状。完成后，选取整个画布，然后单击“设置原始图”按钮，在预处理器下拉菜单中选择“none”（即无预处理），如图6-54所示。

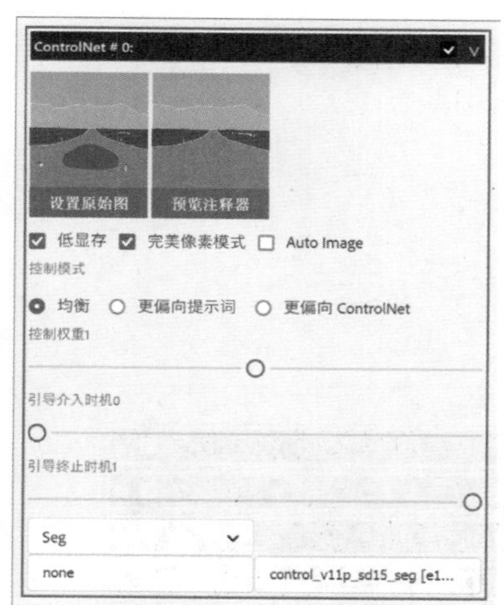

图6-54

勾选“ControlNet#1”复选框，取消对“Auto Image”复选框的勾选，隐藏预处理图层后，单击“设置原始图”按钮以载入参考图，在控制类型下拉菜单中选择“IP2P”，把“控制权重”参数设置为0.65，把“引导介入时机”参数设置为0.1，把“引导终止时机”参数设置为0.6，如图6-55所示。输入提示词后生成图片，效果如图6-56所示。

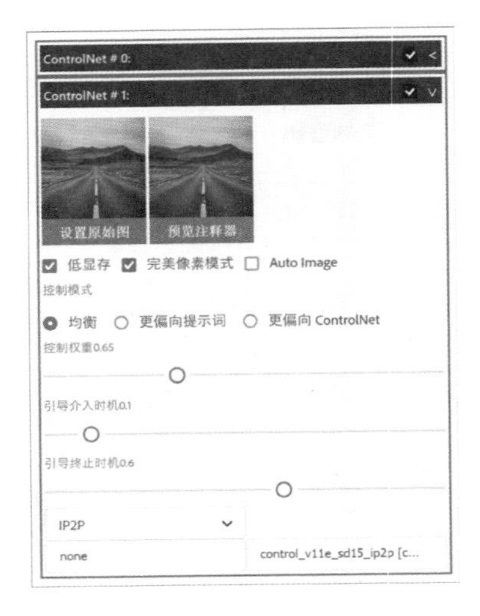

图6-55

图6-56

最后，我们对图片进行放大和高清处理。取消勾选“ControlNet#0”和“ControlNet#1”复选框，勾选“ControlNet#2”复选框。在控制类型下拉菜单中选择“Tile”，如图6-57所示。

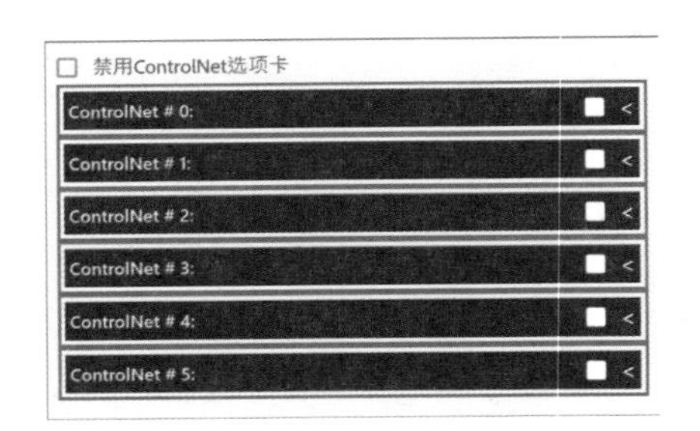

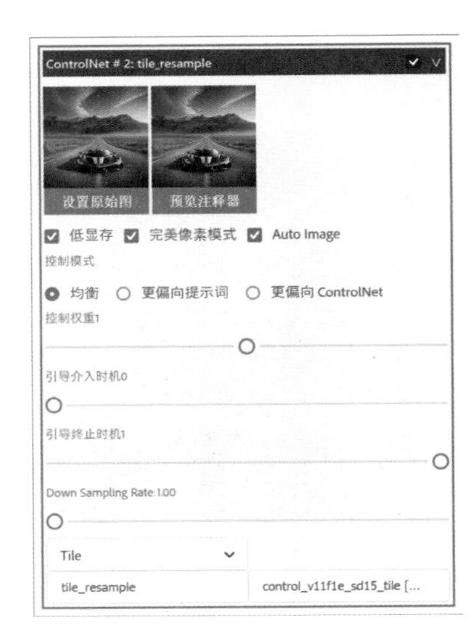

图6-57

在“稳定扩散”选项卡中，单击“图生图”单选按钮，接着单击“精确”单选按钮，将“降噪强度”参数设置为0.8，如图6-58所示。按Alt+Ctrl+I快捷键把画布尺寸放大1倍，然后生成图片，结果如图6-59所示。

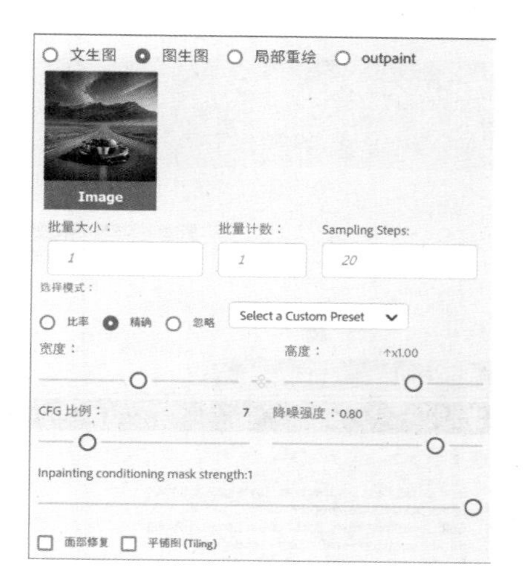

图6-58

图6-59

6.5 制作艺术字和海报

经常使用Photoshop制作艺术字和海报的用户，可以借助Stable Diffusion在创造力和效率方面的优势，在SD插件的辅助下更快、更好地完成设计工作。

假设我们需要制作黄金质感的三维文字，首先在Photoshop中新建一个1024×1360像素的画布，然后根据需要选择字体并输入文字。接着在“ControlNet”选项卡中勾选“ControlNet#0”复选框，最后在控制类型下拉菜单中选择“Canny”，如图6-60所示。

控制模式
均衡　更偏向提示词　更偏向 ControlNet
控制权重1
引导介入时机0
引导终止时机1
Canny Low Threshold:100.00
Canny High Threshold:200.00
Canny
canny　control_v11p_sd15_canny [...

图6-60

提示 Point out

新建画布时，确保在“新建文档”窗口中不勾选“画板”复选框，否则SD插件生成图片时会弹出错误提示框。

选取整个画布后切换到“稳定扩散”选项卡，在提示词栏中输入描述文字材质和背景颜色的提示词。如果想要类似三维渲染图的效果，可以输入类似于“chamfer，3D，C4D”的描述，如图6-61所示。

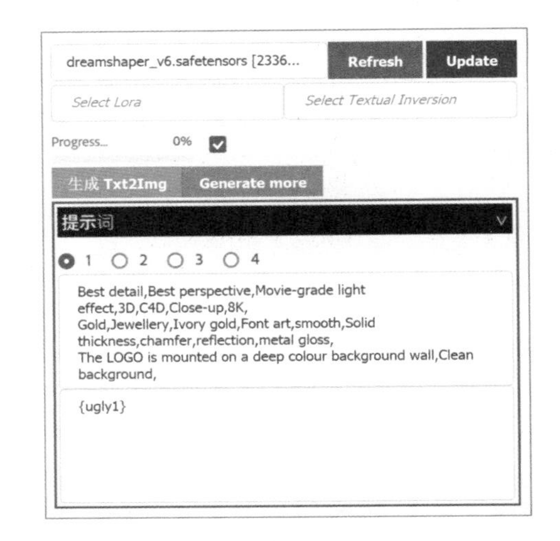

图6-61

现在生成的图片已经具有金属质感的文字效果，如图6-62所示。多生成几次图片就可以观察到，文字的质感基本保持一致，但是背景颜色和投影方向变化很大。为了减少“抽卡”次数，我们可以对文字进行一些简单处理，进一步限制背景颜色和投影的方向及距离。

图6-62

在“查看器”可折叠面板中，选择背景和文字颜色表现最好的图片，并使用吸管工具分别提取前景色和背景色。将提取的颜色填充到背景图层之后，复制一个文字图层，接着继续修改第一个文字图层的颜色，如图6-63所示。

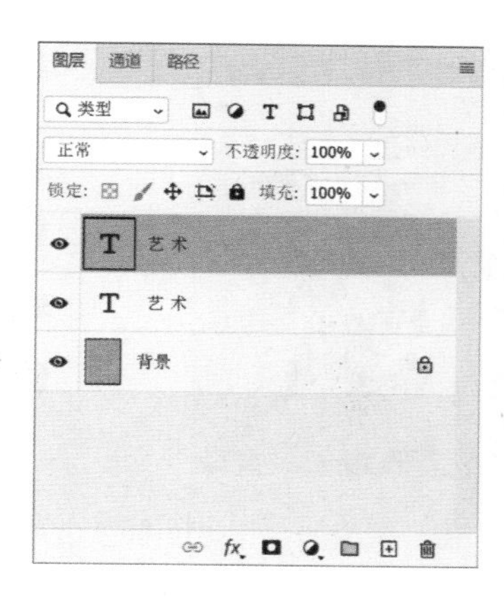

图6-63

执行“滤镜/模糊画廊/路径模糊”命令，在弹出的快捷菜单中单击“转换为智能对象”。在“模糊工具”窗口中，取消勾选“居中模糊”复选框，把“速度”参数设置为500%，“锥度”参数设置为40%，“终点速度”参数设置为20像素，并在画布上拖动箭头以调整投影的方向和距离，如图6-64所示。

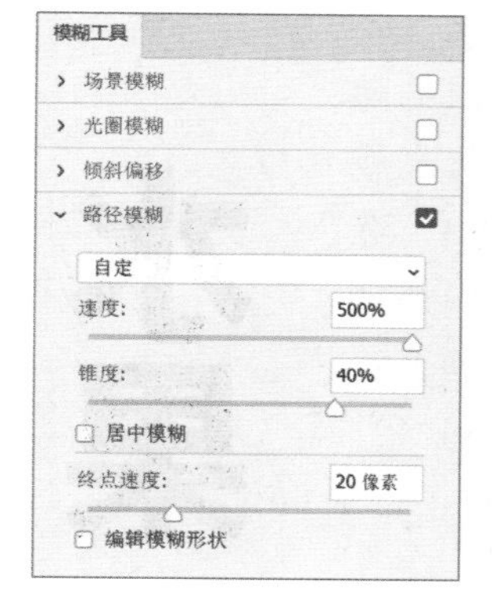

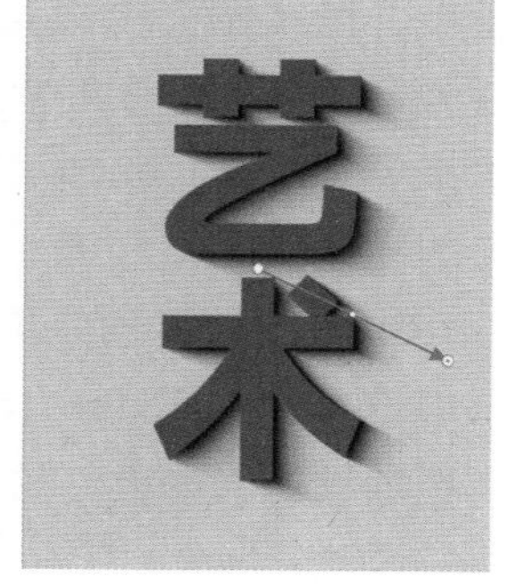

图6-64

单击“图生图”单选按钮，将“降噪强度”参数设置为0.9，然后生成图片，效果如图6-65所示。

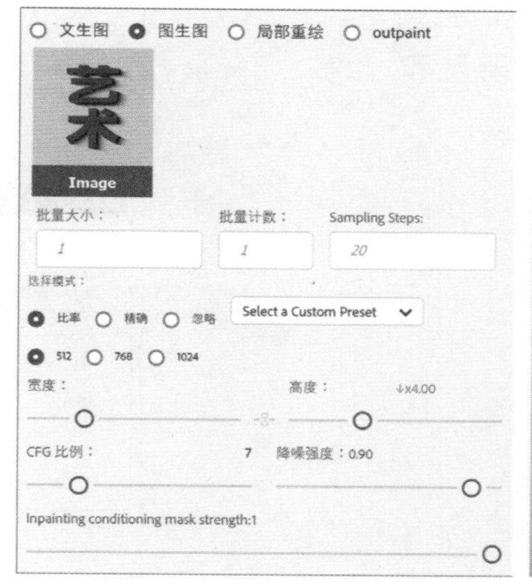

图6-65

多生成几张图片，直到获得满意的图片后单击“最后”按钮锁定种子。接着，单击“精确”单选按钮，将“降噪强度”参数设置为0.7，再重新生成更清晰的图片。最后，用Photoshop进行简单的色调和对比度调整，结果如图6-66所示。

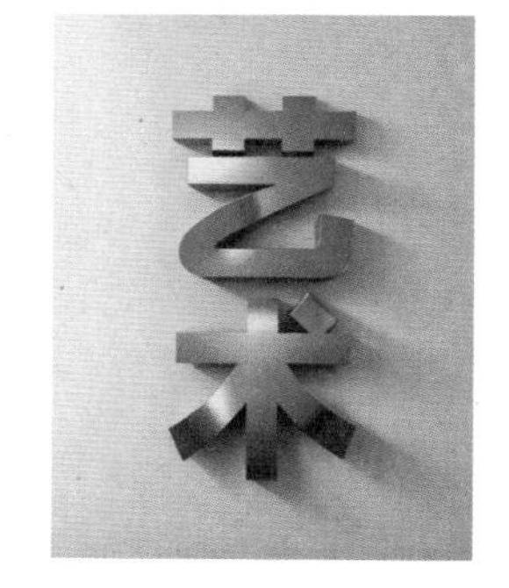
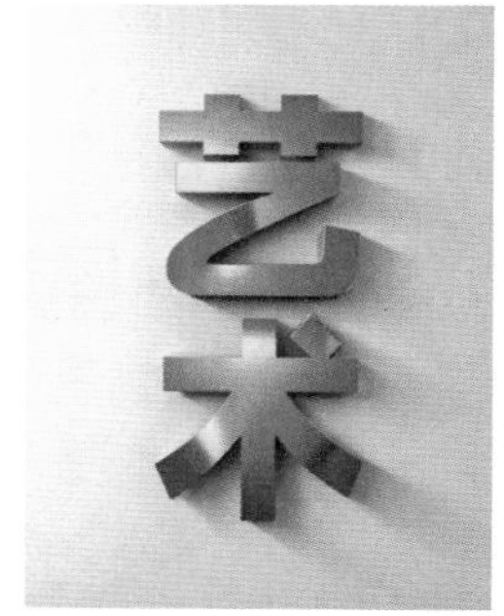

图6-66

ControlNet预处理器提取的文字轮廓的粗细和柔和度会对艺术字的效果产生很大影响。轮廓越粗、越柔和，生成结果的随机性越强。如果把文字修改成“水果”，在“ControlNet”选项卡的控制类型下拉菜单中选择“SoftEdge”，在预处理器下拉菜单中选择“softedge_teed”，把“控制权重”参数设置为0.7，如图6-67所示。

图6-67

参照图6-68所示，把提示词的内容修改成“水果”和“海报”。

图6-68

接下来可以多生成一些图片，直到获得满意的图片为止，然后锁定种子。随后，使用高分辨率修复功能对图片进行放大处理，这样就能快速生成由水果组成的文字海报，结果如图6-69所示。

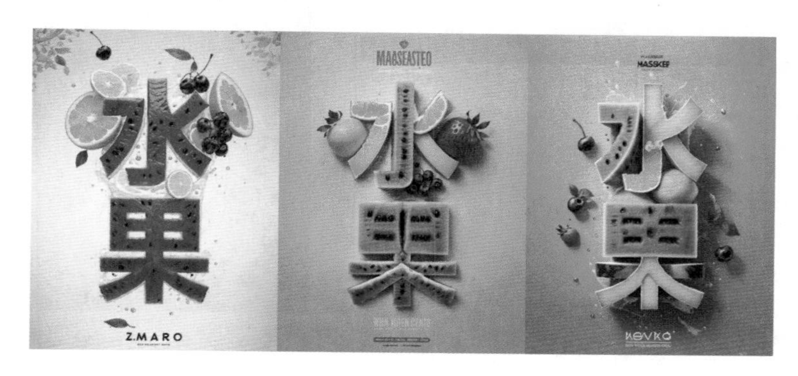

图6-69

我们也可以把Stable Diffusion视为一种纯粹的素材生成工具。将大模型切换成SDXL Turbo，把“Sampling Steps”参数设置为8，“CFG比例”参数设置为2，并选择“Euler a”采样器，如图6-70所示。

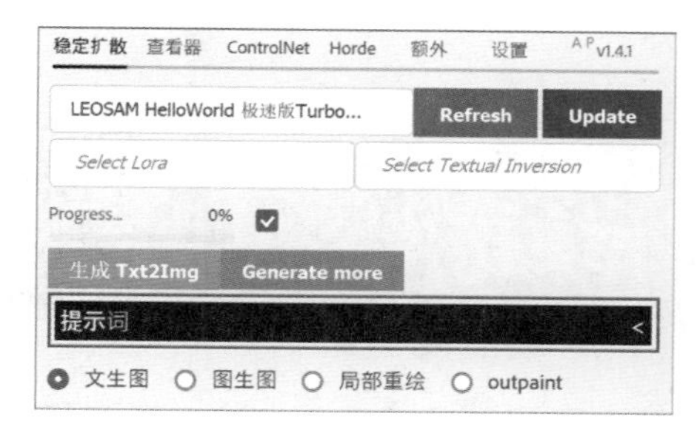

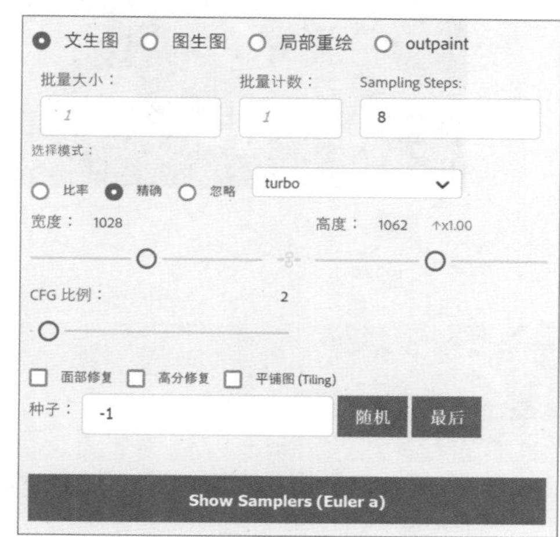

图6-70

现在，无须画质提示词和反向提示词，直接描述想要的画面内容就能在几秒内获得图片素材，比从网络上搜索和下载图片方便得多，如图6-71所示。

通过修改画面内容的提示词，可以获得相同风格的系列图片。接下来，可以发挥Photoshop的特长，为图片输入标题和文本以制作成海报，如图6-72所示。

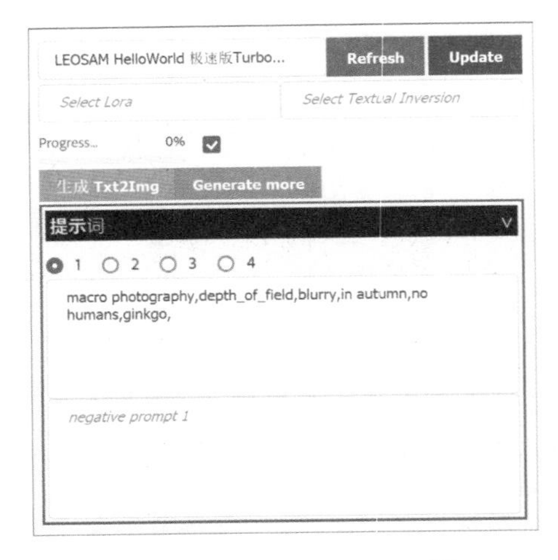

图6-71

图6-72

6.6 创成式填充和外绘扩图

Photoshop中的创成式填充功能可以根据图像内容和语义信息，去除、修改和扩展画面内容。遗憾的是，一些用户无法使用这些功能，即便能用，用户也可能面临排队等待时间长、生成的内容不稳定、无法生成清晰图像等问题。有了SD插件后，以上所有问题都能迎刃而解。

需要移除图片中的内容时，特别是移除生成结果中的对象时，其实不必大费周章地修改提示词，然后反复在图生图或局部重绘中“抽卡”。以图6-73为例，我们只需使用对象选择工具拖出一个大于人物的选区并把人物选中，然后右击选区并执行“删除和填充选区”命令，就能轻松移除人物。

图6-73

有些图片的背景比较复杂，选中对象后执行“删除和填充选区”命令时，部分区域可能会被填充错误的内容，如图6-74所示。

图6-74

接下来，使用工具箱中的移除工具在有问题的区域来回涂抹，结果如图6-75所示。无论如何仔细处理，移除工具都不能把有问题的区域修复得特别真实、自然。在对修复质量要求比较高的情况下，我们可以选择一个真实风格的大模型，然后输入描述画面内容的提示词即可，如图6-76所示。

图6-75

图6-76

在图生图中单击“精确”单选按钮，把“降噪强度”参数设置为0.4后重绘图片，然后用橡皮擦工具擦除原图中没有问题的区域，结果如图6-77所示。

提示 Point out 用Stable Diffusion修复照片，最大的问题是无法重绘大尺寸的图片。因此，我们要么把照片缩小到显卡可以处理的尺寸，要么把照片中需要处理的区域裁剪出来进行处理，然后再拼合回去。

图6-77

SD插件也能像Photoshop的创成式填充那样，画个选区然后生成内容。打开一张照片后用套索工具画出想要生成内容的选区，如图6-78所示。

图6-78

输入提示词后单击“局部重绘”单选按钮，然后勾选“Lasso Mode”和“Mask

Square”复选框。接下来，单击“精确”单选按钮，把“降噪强度”参数设置为0.65，“Mask Blur”和“蒙版扩展”参数设置为10，如图6-79所示。

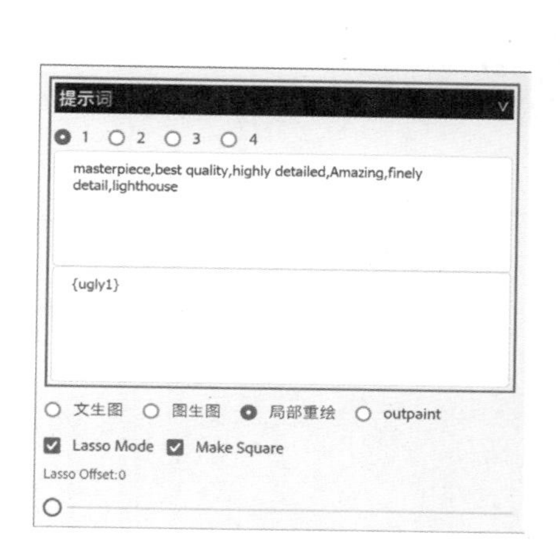

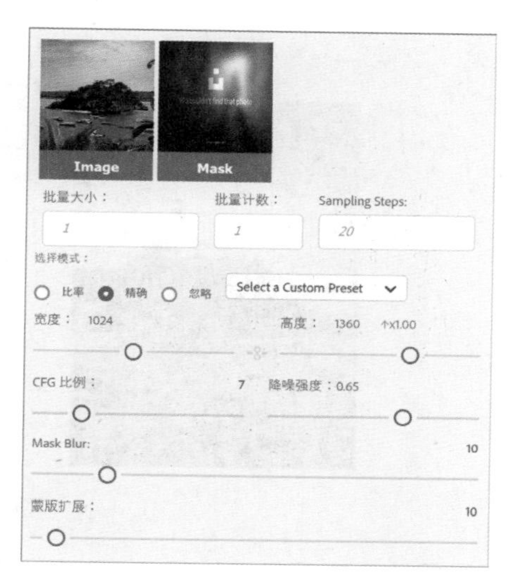

图6-79

执行生成图片操作，选区范围内就会出现我们都想要的灯塔，如图6-80所示。接下来，在图生图中把“降噪强度”参数设置为0.5，然后重绘图片，如图6-81所示。

图6-80

图6-81

最后，用橡皮擦工具擦除小岛和天空以外的区域，以消除生成区域留下的痕迹。或者执行“编辑/天空替换”命令，通过更换背景的方式消除痕迹，如图6-82所示。

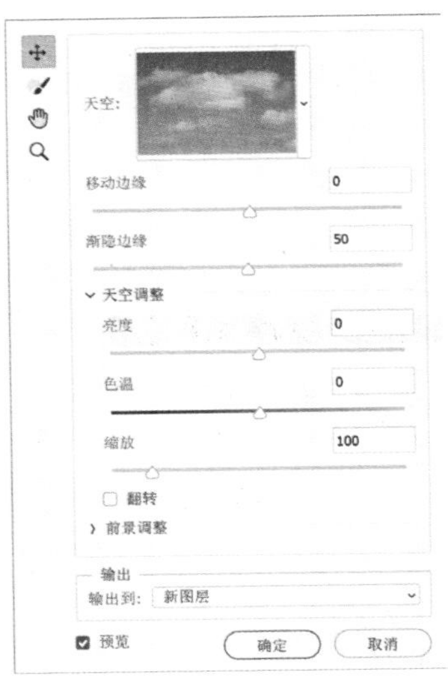

图6-82

打开需要扩展幅面尺寸的照片，如图6-83所示。在图层面板中复制一个图层，然后执行“图像/画布大小”命令，设置需要扩充到的尺寸。删除锁定的背景图层，在输入提示词之后单击“outpaint”单选按钮，如图6-84所示。

图6-83

图6-84

单击“精确”和“潜在噪声”单选按钮，把“降噪强度”参数设置为0.88，“Mask Blur”参数设置为4，“蒙版扩展”参数设置为8，如图6-85所示。选取整个画布，然后生成图片，效果如图6-86所示。

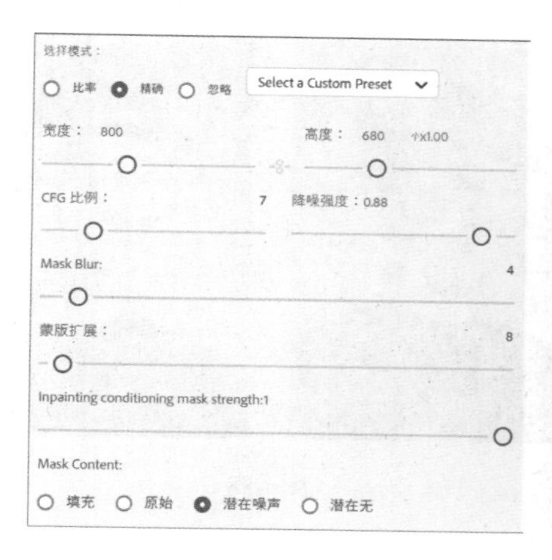

图6-85

图6-86

接下来，进入图生图，把“降噪强度”参数设置为0.4，然后重绘图片，以消除扩展画布后留下的痕迹，如图6-87所示。

图6-87

6.7 老旧照片修复上色

每个家庭都保存着一些温馨记忆的老照片。修复并给老照片上色曾经是一项难度颇大的技术活，现在有了AI技术的加持，使用Photoshop和SD插件，几分钟内就能让那些泛

黄老旧的照片焕然一新。

打开一张老照片后按Ctrl+A快捷键以选取整个画布，执行“编辑/变换/旋转”和“编辑/变换/斜切”命令以调整角度和透视。继续执行“图像/调整/去色”命令，然后使用裁剪工具裁掉多余的区域，结果如图6-88所示。

图6-88

按Alt+Ctrl+I快捷键把图像大小设置为512×680像素。执行“滤镜/Neural Filters”命令，开启“照片恢复”选项，根据照片上的划痕数量和大小设置“减少划痕”参数。在“输出”下拉菜单中选择“新图层”，然后单击“确定”按钮，如图6-89所示。

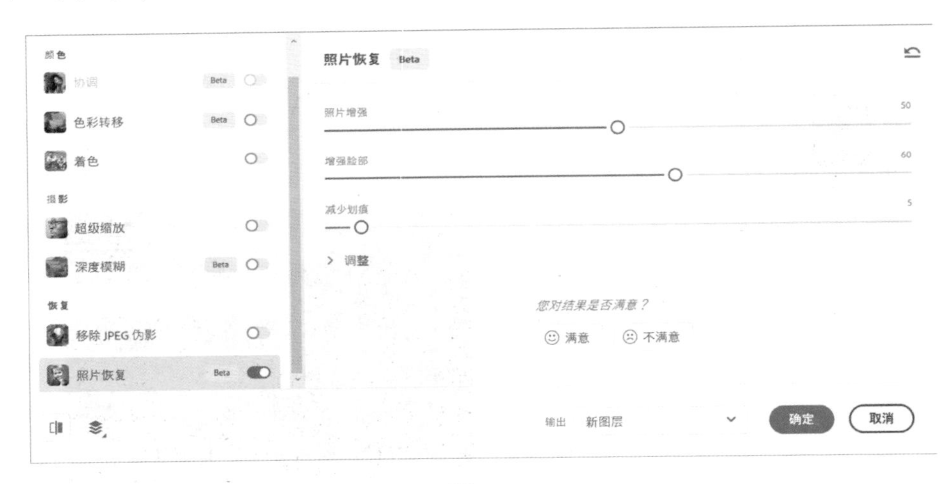

图6-89

分别使用移除工具和污点修复画笔工具去除衣服、背景和面部上的细小噪点和斑痕，让画面看起来更加干净，如图6-90所示。接下来给照片上色，在SD插件中单击“ControlNet”选项卡，勾选“ControlNet#0”复选框，在预处理器菜单中选择“recolor_luminance”，在控制模型下拉菜单中选择“ioclab_sd15_recolor”，如图6-91所示。

图6-90

图6-91

选择一个真实风格大模型，然后输入描述衣服、背景和头发颜色的提示词，如图6-92所示。生成图片，上色效果如图6-93所示。

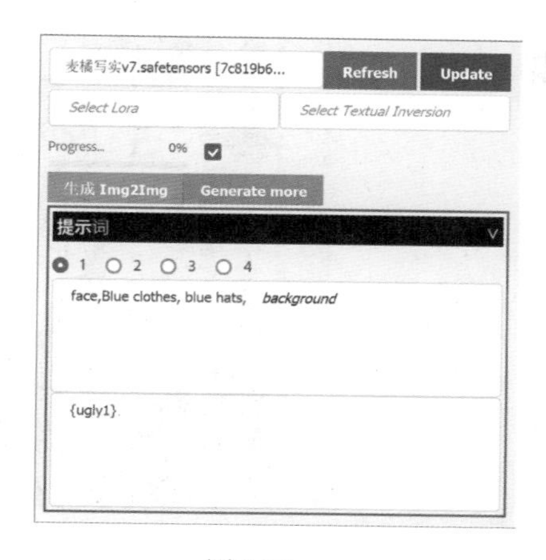

图6-92

图6-93

我们也可以执行“滤镜/Neural Filters”命令，开启“着色”选项。在预览窗口的衣服上单击，然后选择想要的颜色，在衣服上添加更多颜色标记，以确保衣服的颜色一致。继续在头发、背景和嘴唇上添加颜色标记，如图6-94所示。

图6-94

接下来，我们需要提高照片的尺寸和画质。按Alt+Ctrl+I快捷键把图像大小设置为1024×1360像素。然后切换到“额外”选项卡，把“Resize”参数设置为2，在“Upscaler1”下拉菜单中选择“4x-UltraSharp”，在“Upscaler2”下拉菜单中选择“R-ESRGAN 4x+”，把“Upscaler 2 visibility”参数设置为0.3，“GFPGAN visibility”参数设置为0.6，如图6-95所示。选取整个画布，然后生成图片，效果如图6-96所示。

图6-95

图6-96

输入画质和描述照片内容的提示词，然后单击“图生图”和“精确”单选按钮，把“降噪强度”参数设置为0.2，然后重绘图片，如图6-97所示。把“降噪强度”参数设置为0.32，随后再生成一次图片，这一次头发和衣服的效果更好一些，但是面部的变化比较明显。

图6-97

激活工具箱中的“对象选择工具”，框选大于面部的选区将面部选中，如图6-98所示。

执行“选择/修改/羽化”命令，把“羽化半径”参数设置为5。在最上方的图层上右击，执行“栅格化图层”命令，然后按Delete键删除选区范围内的图片。执行“图层/拼合图像”命令后复制一个图层，接着执行“图像/自动色调”“图像/自动对比度”和“图像/自动颜色”命令。在图层面板中把第一个图层的“不透明度”设置为40，结果如图6-99所示。

图6-98

图6-99

复制背景图层，选中复制的图层后执行“图像/调整/去色”命令，接着执行“滤镜/

其它/高反差保留”命令，并把“半径”参数设置为1.5像素，把图层混合模式设置为“线性光”，如图6-100所示。

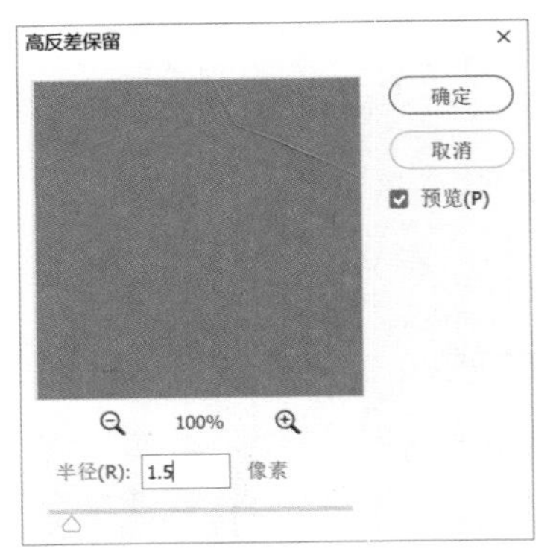

图6-100

需要更大尺寸的话，可以执行“滤镜/Neural Filters”命令，利用超级缩放功能放大图片。修复前后的对比效果如图6-101所示。

图6-101

第7章

AI绘图实战案例及模型推荐

2024年2月15日，OpenAI发布了Sora模型的48个文生视频案例，一举惊艳全球。AIGC在短短一年多的时间内就完成了从文本生成到图像生成，再到视频生成的进化，进化速度之快远超人们的预料。现如今，用Chat GTP写作，用Stable Diffusion画图已经成为许多人的日常，并且衍生出AI摄影、AI文创等全新的商业应用。

本章将为读者介绍一些Stable Diffusion目前已经具备实用价值的应用方向，通过实例讲解这些应用领域的具体操作流程，同时也能复习前面介绍过的内容。

7.1 打造影楼级AI照片

通过Stable Diffusion，不用购买摄影设备，不用准备服装灯光，不用布置影棚和外景。只需一个人加一台计算机，就能源源不断地批量生产影楼级别的照片，如图7-1所示。更重要的是，当人们初次接触到这种便利的AI摄影方式，看到各种突破常规限制的画面时，都会对它产生一定的兴趣。相信不久之后，真正的影楼中也会出现AI摄影，甚至可能出现将实际拍摄与AI摄影相结合的服务项目。

图7-1

AI摄影的流程非常简单。先使用Stable Diffusion生成一些效果足够吸引人的样片供用户挑选。用户完成挑选后，提交自己的脸部照片，然后用Stable Diffusion换脸并进行放大处理。现在我们就从头开始完成一遍整个流程。

选择一个写实风格的大模型，很多用户初次接触Stable Diffusion时会认为画得不好是因为没有选对模型，于是便会下载大量封面好看的模型，直至硬盘空间吃紧。使用过一段时间后才发现，常用的也就是那么几个模型，熟悉的才是最好用的模型。在写实摄影类的大模型中，知名度最高的要数"墨幽人造人"和"majicMIX realistic麦橘写实"。这两款模型都已经迭代了7个版本，出图效果稳定，适用性广，是大多数用户的必备模型。"LEOSAM FilmGirl Ultra"和"追梦女孩Dream Girl"也是适用于写实摄影的大模型，前者擅长表现胶片质感，后者擅长生成年轻女孩的形象。

这里我们选择"majicMIX realistic"大模型，然后在"生成"按钮下方的预设样式中载入"基础起手式"，如图7-2所示。

Stable Diffusion 模型
majicMIX realistic.safetensors [7c819b6d13]
外挂 VAE 模型
Automatic
CLIP 终止层数 2
文生图　图生图　后期处理　PNG 图片信息　WD 1.4 标签器　设置　扩展
masterpiece,best quality,
5/75
生成
提示词 (5/75)　请输入新关键词
46/75
lowres,bad anatomy,bad hands,text,error,missing fingers,extra digit,fewer digits,cropped,worst quality,
low quality,normal quality,jpeg artifacts,signature,watermark,username,blurry,
基础起手式
反向词 (46/75)　请输入新关键词

图7-2

展开“SixGod_K提示词”可折叠面板，补充一些画质提示词，如图7-3所示。然后选中反向提示词文本框，进入“嵌入式（T.I.Embedding）”选项卡，单击预览图添加嵌入式模型，如图7-4所示。

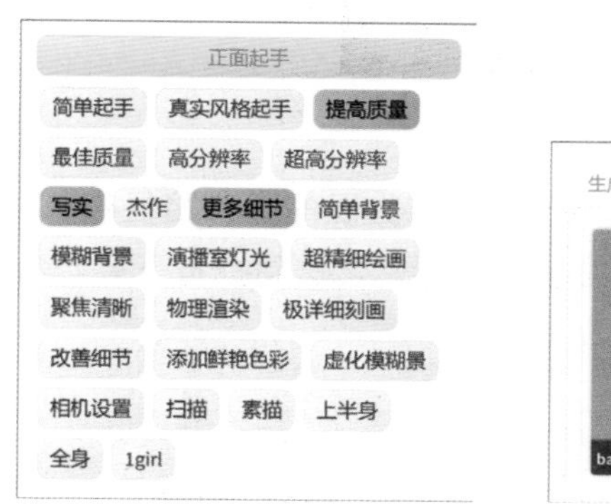

图7-3

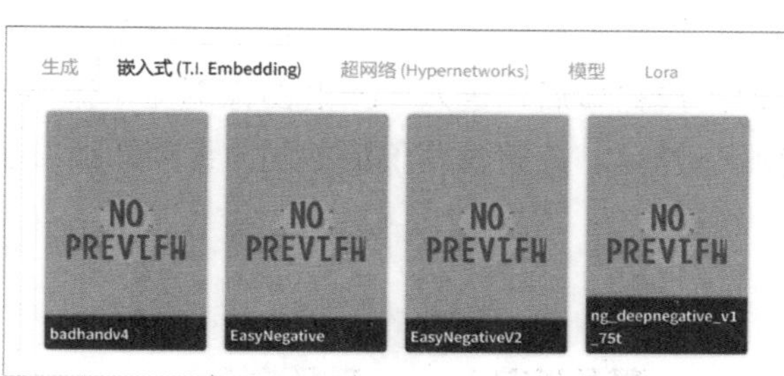

图7-4

进入“Lora”选项卡，添加“淡色盛宴2.0”和“荷叶”Lora模型。然后继续输入描述画面内容和镜头角度的提示词，若Lora模型需要触发词，不要忘记填写，如图7-5所示。

44/75
best quality,realistic,masterpiece,Highly detailed,HDR,UHD,8K,
1girl,white theme,lotus,flower,water,front view,(looking_at_viewer:1.3),medium_shot,
<lora:xuannv_20230816151843:0.65>,<lora:wlqc_20230806152502:0.3>,
提示词 (44/75)　请输入新关键词
177/225
lowres,bad anatomy,bad hands,text,error,missing fingers,extra digit,fewer digits,cropped,worst quality,low quality,normal quality,jpeg artifacts,signature,watermark,username,blurry,
badhandv4,ng_deepnegative_v1_75t,EasyNegative,EasyNegativeV2,
反向词 (177/225)　请输入新关键词

图7-5

设置好生成尺寸后，生成几张图片，如图7-6所示，根据生成结果调整提示词和Lora模型的权重值。由于训练素材的原因，这种重在表现场景和氛围的Lora模型总会倾向于一些固定构图和姿态表情，再加上人物所占的区域相对较小，因此面部和手部崩坏属于正常现象。我们目前不用理会这些问题，只要Lora模型的效果能体现出来，就可以提高“总批次数”，开始批量生成图片。

图7-6

全部生成完毕后，进入“无边图像浏览”选项卡，在文生图的保存路径查看生成结果，如图7-7所示。在有保留价值的图片缩略图上右击，执行“发送到批量下载”命令。

图7-7

完成选片后返回到启动页，单击“启动”中的“批量下载/归档”。回到“无边图像浏览”选项卡，单击缩略图，用大图模式观察图片上是否存在难以修复的细节问题。经过再次确认后，单击“打包成zip下载”按钮，把挑选出来的图片发送到Windows的“Downloads”文件夹里，如图7-8所示。

图7-8

这些图片的画质太低，只是作为记录生成信息和种子数的容器。接下来，还需要对这些图片进行样图级别的放大和修复。进入“PNG图片信息”选项卡，打开一张图片后，单击“发送到文生图”按钮，如图7-9所示。

图7-9

单击“生成”按钮恢复图片，可以发现这张图片中的人物头发、面部和手都需要修复。在“ControlNet”可折叠面板中，勾选“启用”和“完美像素模式”复选框，然后上传刚刚生成的图片，在“控制类型”中单击“局部重绘”单选按钮，在参考图上画出头发区域的遮罩，如图7-10所示。

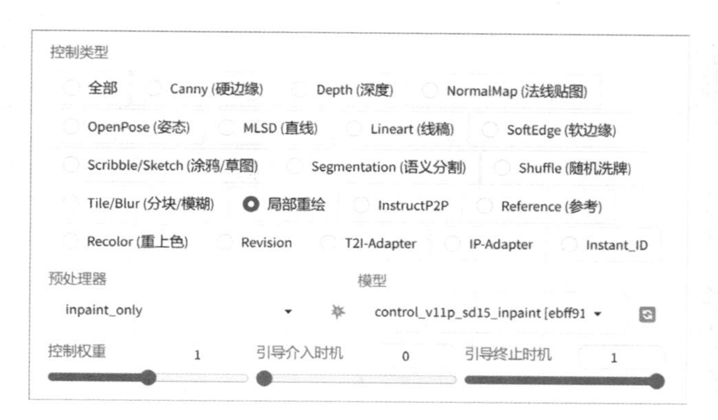

图7-10

在“ADetailer”可折叠面板中勾选“启用After Detailer”复选框，在“单元2”选项卡的“After Detailer模型”下拉菜单中选择“hand_yolov8s.pt”。展开“检测”可折叠面板，把“检测模型置信阈值”参数设置为0.5，如图7-11所示。删除所有正向提示词，输入“black hair”，再次生成图片，就能同时解决头发、面部和手的问题，如图7-12所示。

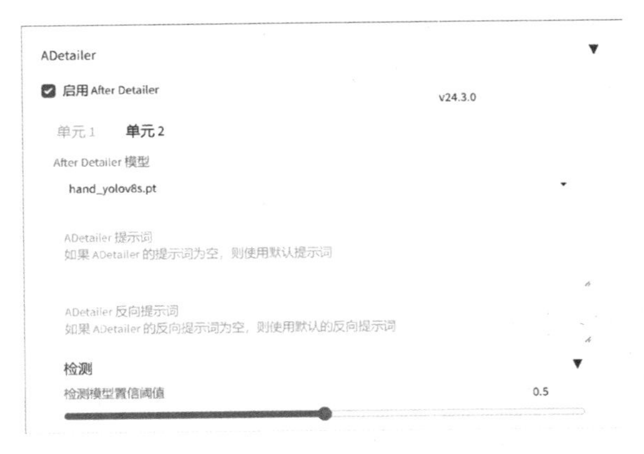

图7-11

图7-12

单击按钮把生成结果和参数发送到图生图，删除所有正向提示词，在“重绘尺寸倍数”中把“尺度”参数设置为1.5，把“重绘幅度”参数设置为0.25，如图7-13所示。开启ADetailer后生成图片，然后用Photoshop打开生成结果，对手部等细节进行处理，结果如图7-14所示。

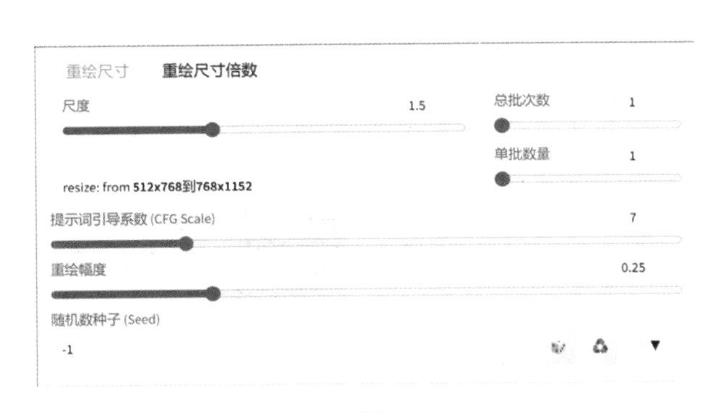

图7-13

图7-14

把处理完的图片上传到图生图中，关闭ADetailer后开启ControlNet，在“控制类型”中单击“Tile/Blur（分块/模糊）”单选按钮，如图7-15所示。

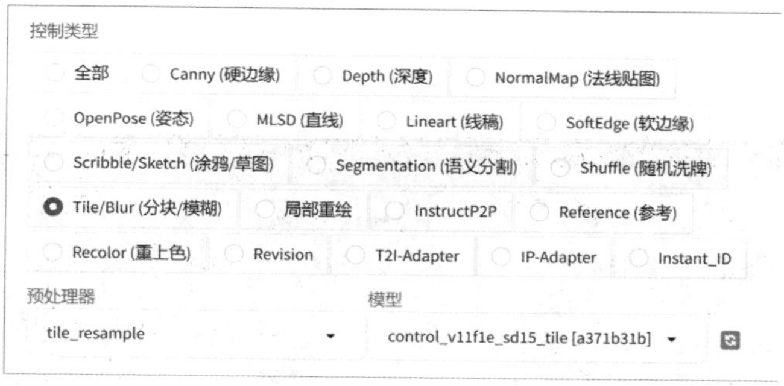

控制类型
全部
Canny (硬边缘)
Depth (深度)
NormalMap (法线贴图)
OpenPose (姿态)
MLSD (直线)
Lineart (线稿)
SoftEdge (软边缘)
Scribble/Sketch (涂鸦/草图)
Segmentation (语义分割)
Shuffle (随机洗牌)
Tile/Blur (分块/模糊)
局部重绘
InstructP2P
Reference (参考)
Recolor (重上色)
Revision
T2I-Adapter
IP-Adapter
Instant_ID
预处理器
tile_resample
模型
control_v11f1e_sd15_tile [a371b31b]

图7-15

在“Tiled VAE”可折叠面板中，勾选“启用Tiled VAE”复选框，以避免显存溢出。在“重绘尺寸倍数”中将“尺度”参数设置为1.5，将“重绘幅度”参数设置为0.75，如图7-16所示。生成图片，完成样片的所有处理，结果如图7-17所示。

重绘尺寸
重绘尺寸倍数
尺度
1.5
总批次数
1
单批数量
1
resize: from 1152x1728到1728x2592
提示词引导系数 (CFG Scale)
7
重绘幅度
0.75
随机数种子 (Seed)
-1

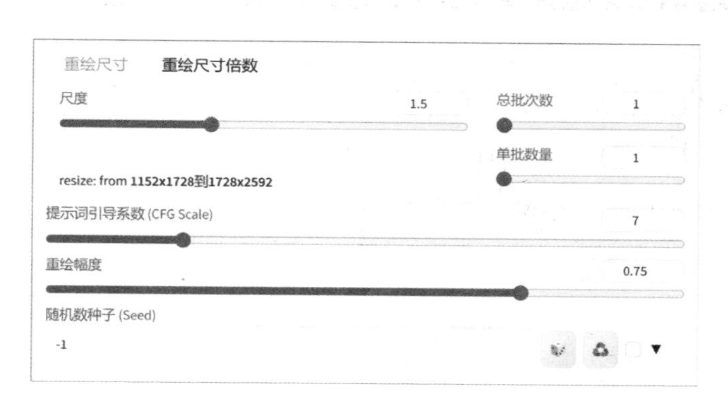

图7-16

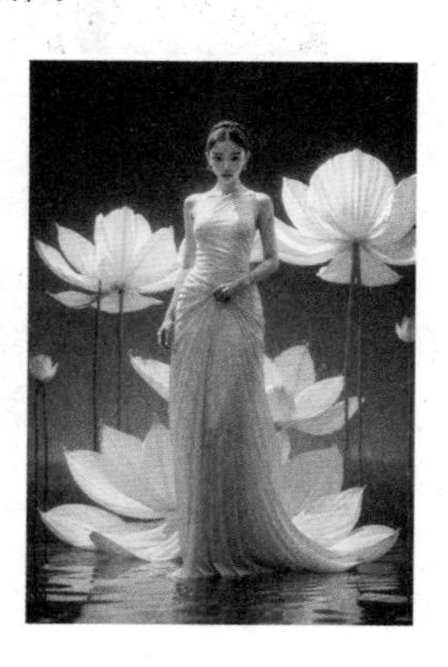

图7-17

需要换脸时，只需在“后期处理”选项卡中上传样片，然后勾选“ReActor”复选框，接着上传客户的照片，如图7-18所示。设置“CodeFormer Weight（Fidelity）”参数为1，然后生成图片。

主菜单
检测
图像放大
工具
设置
Select Source
Image(s)
Face Model
Folder
Single Image has priority when both Areas in use
Single Source Image
Multiple Source Images | Comparison grid as a result
拖放文件至此处
- 或 -
点击上传

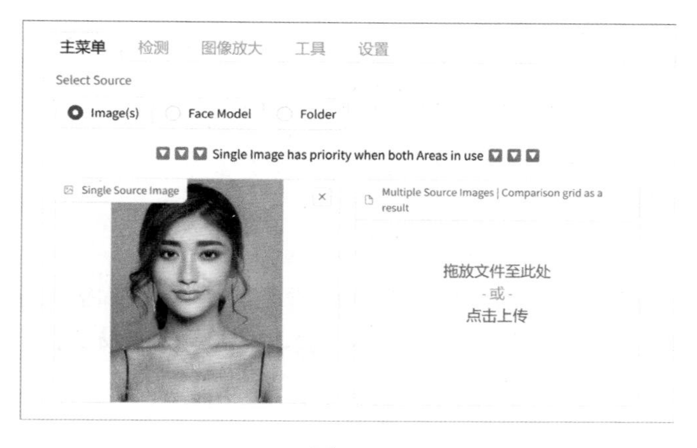

图7-18

使用Topaz Photo AI软件打开换脸后的图片，再次把图片放大4倍。此时，图片的分辨率已经达到8K级别，如图7-19所示。

图7-19

如果显卡能流畅运行SDXL模型，那么可以忘记以上所有流程，直接使用SDXL模型一键出图。在这里，我们选择SDXL版的“LEOSAM HelloWorld”大模型。接下来只需输入内容提示词，然后根据需要添加Lora模型，如图7-20所示。

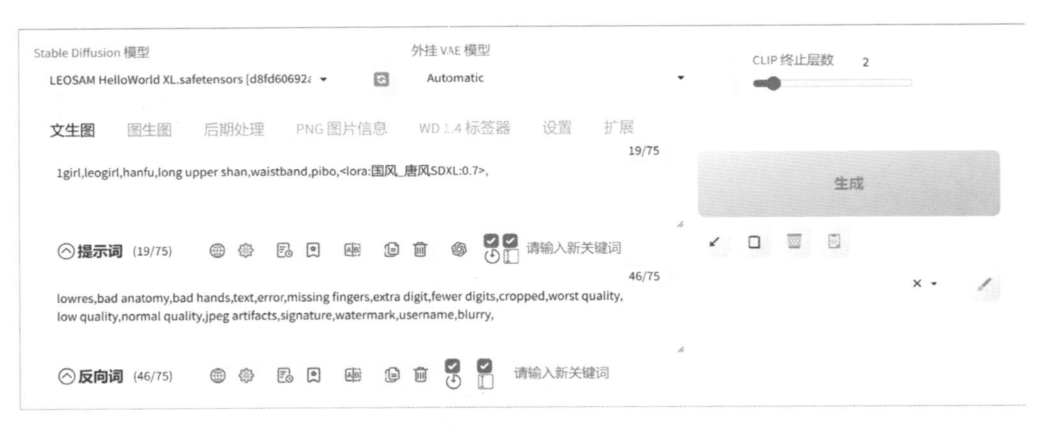

图7-20

展开“SDXL Styles”可折叠面板，单击“Photographic（摄影）”单选按钮。现在只需把生成尺寸设置为680×1024像素或者1024×1536像素，就能得到照片级的生成结果，如图7-21所示。

图7-21

显存较小的用户可以下载“LEOSAM HelloWorld极速版”大模型，该模型已更新到5.0Lightning版。我们使用相同的提示词和Lora模型，把“采样方法”设置为“Euler a”，把“迭代步数”设置为8，把“提示词引导系数”设置为1，生成尺寸设置为680×1024像素，如图7-22所示。

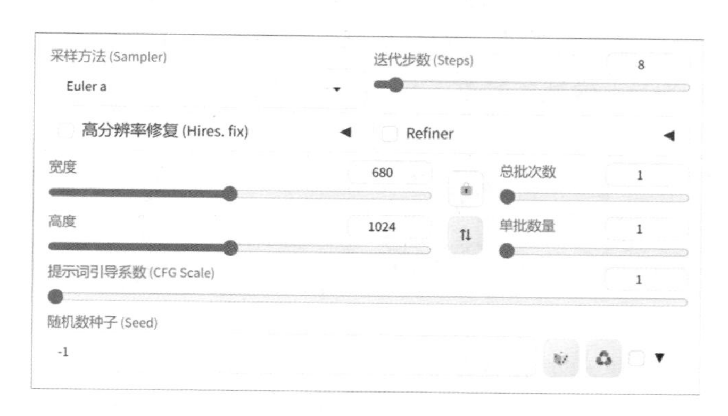

图7-22

展开“高分辨率修复”可折叠面板，把“放大算法”设置为“ESRGAN_4x”，把“放大倍数”设置为1.5，把“高分迭代步数”设置为8，最后把“重绘幅度”设置为0.25，如图7-23所示。注意，不要勾选“高分辨率修复”复选框。

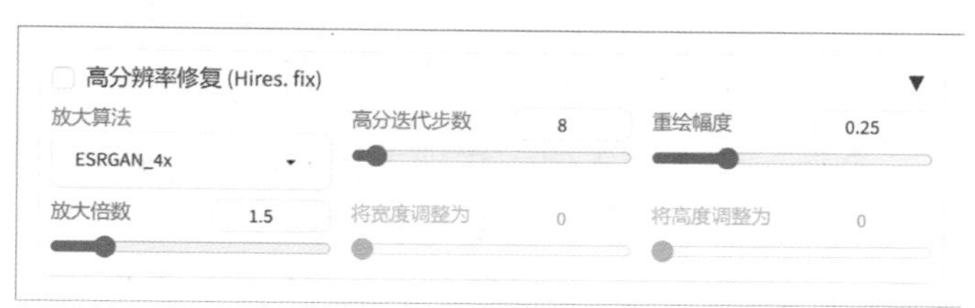

图7-23

接下来正常生成图片，获得满意的图片后，单击生成结果预览图下方的✨按钮，引用高分辨率修复的参数进行高清放大，如图7-24所示。

图7-24

对比SDXL模型生成的图片，虽然SDXL-Lightning模型的画质有一定程度的损失，但它的生成速度非常快。更重要的是，它可以运行在8GB显存的显卡上，这让显存容量不高的用户也能体验到SDXL模型的特性，结果就是用最便捷的流程直接输出高清图片。

7.2 个人虚拟形象定制

在越来越追求个性化和差异化的时代，虚拟形象定制已经逐渐成为一个颇具规模的商业应用领域，从早期的社交头像、虚拟歌手，到如今的数字人主播。利用Stable Diffusion强大的风格转绘功能，不论是制作社交账户的头像、数字主播形象，还是批量生成卡通头像和表情包，都能轻松实现。

首先，在“图生图”选项卡中载入预设样式中的“基础起手式”，然后在反向提示词中添加嵌入式模型“ng_deepnegative_v1_75t”。接下来，进入“WD1.4标签器”选项卡，上传参考图，并把反推出来的提示词复制到“图生图”中。然后，检查一下提示词，根据需要进行修改和精简，如图7-25所示。

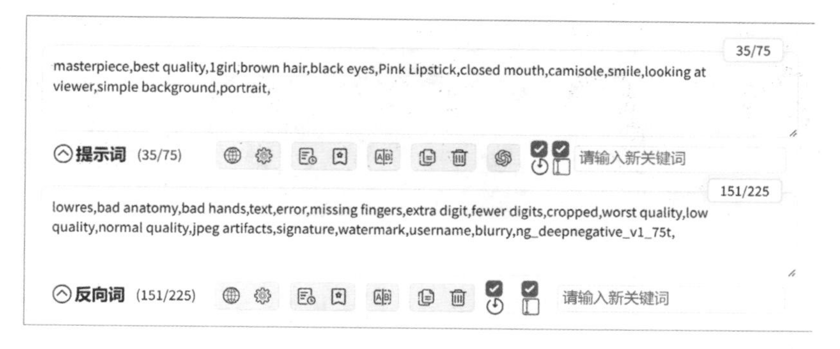

图7-25

把大模型切换成“AWPainting”。这个二元风格的大模型适用范围广泛，在插画、动漫和各种2.5D场景都能生成明快、细腻的图片。接下来把“迭代步数”设置为30，生成尺寸设置为800×800像素，“重绘幅度”设置为0.6后生成图片。重绘前后的对比效果如图7-26所示。

图7-26

重绘幅度决定了生成结果的风格化程度。具体选择多大数值主要根据个人的偏好来决定。如果犹豫不决，可以在“脚本”可折叠面板中选择“X/Y/Z plot”，通过对比图片选择自己喜欢的，如图7-27所示。

脚本
X/Y/Z plot
X 轴类型　Denoising
X 轴值　0.5,0.55,0.6,0.65,0.7
Y 轴类型　Nothing
Y 轴值
Z 轴类型　Nothing
Z 轴值

图7-27

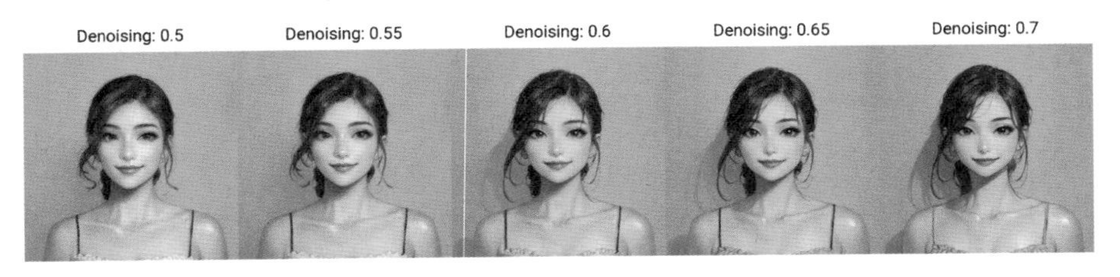

图7-27（续）

接下来，只需切换不同的大模型或者添加Lora模型，就能得到不同画风和质感的头像图片，如图7-28所示。

Outline Color　　墨幽二次元　　OnlyAnime

图7-28

使用SDXL模型时，只需在正向提示词里输入“1girl,camisole,Pixar”，就能得到皮克斯3D动画风格的图片。在“SDXL Styles”可折叠面板中单击“Comic Book（漫画书）”单选按钮，就能得到漫画的勾线效果，如图7-29所示。

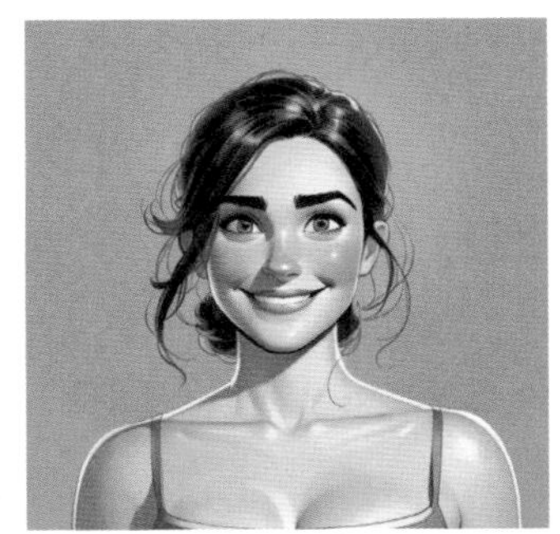

图7-29

SDXL模型的一个好处是不需要下载大量模型，在提示词里加入艺术形式或艺术家的名字就能得到对应的风格。当然，需要得到非常抽象或者极度夸张的头像时，仍然需要使用Lora模型，如图7-30所示。

图7-30

在图生图中，转绘风格简单便捷，但也存在一些局限性。例如，当我们需要改变背景颜色，或者要用这张参考图生成半身或全身像时，就很难实现。假设现在需要把背景修改成灰色，最简单的方法是在文生图中开启ControlNet，然后上传参考图，在“控制类型”中单击“IP-Adapter”单选按钮，在“预处理器”下拉菜单中选择“ip-adapter_face_id_plus”，在“模型”下拉菜单中选择“ip-adapter-faceid-plusv2_sd15”，如图7-31所示。

控制类型
全部 Canny (硬边缘) Depth (深度) NormalMap (法线贴图)
OpenPose (姿态) MLSD (直线) Lineart (线稿) SoftEdge (软边缘)
Scribble/Sketch (涂鸦/草图) Segmentation (语义分割) Shuffle (随机洗牌)
Tile/Blur (分块/模糊) 局部重绘 InstructP2P Reference (参考)
Recolor (重上色) Revision T2I-Adapter IP-Adapter Instant_ID
预处理器 ip-adapter_face_id_plus
模型 ip-adapter-faceid-plusv2_sd15 [6e]
控制权重 1 引导介入时机 0 引导终止时机 1

图7-31

单击提示词文本框下方的按钮，载入图生图中的提示词。根据需要，输入描述背景颜色的提示词，然后添加“ip-adapter-faceid-plusv2_sd15_lora”Lora模型，如图7-32所示。

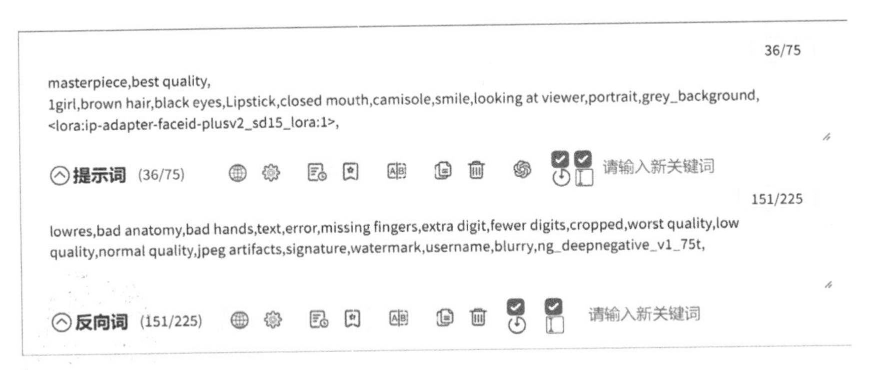

图7-32

把生成尺寸设置为600×600像素，提高“总批次数”后生成图片，就能得到面部和参考图十分相似的卡通头像，如图7-33所示。

图7-33

即使切换成3D风格的大模型，角色的一致性仍然能够被保持。此外，我们还可以通过修改提示词来给角色换装，如图7-34所示。

图7-34

只需调整一下生成尺寸，然后修改描述镜头的提示词就能得到人物的半身像，如图7-35所示。这种3D风格的模型更适合作为虚拟主播的底图，再通过SadTalker插件让其开口说话。

图7-35

在模型网站上，我们可以找到各种各样的模型资源。如果运用得当，这些资源可以迅速转换成无穷无尽的素材。例如，我们可以在载入基础起手式提示词，切换成“AWPainting”大模型，并添加一个名为“卡通描边头像m2avater”的Lora模型。然后，输入触发词“m2avater”，保持其他参数的设置值为默认值，就能得到抽象风格的卡通头像，如图7-36所示。

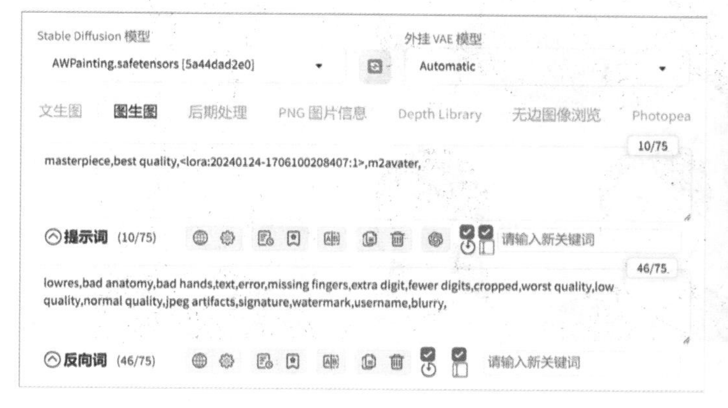

图7-36

在Stable Diffusion WebUI启动器根目录下的“extensions\sd-dynamic-prompts\wildcards”文件夹里，新建两个文本文档。然后，进入“通配符管理”选项卡，单击

“刷新通配符”按钮。在新建的两个文本中，分别输入人物和背景颜色等内容，如图7-37所示。

使用通配符名称检索...

1
2
cameraView
character (角色)
color
eyecolor
full-prompt-fantasy
hair-color
hair-female
hair-male
hairLength
hairMisc
hairTexture

通配符文件

__1__

编辑文件

1girl
1boy
1man
1woman
1old man
1old lady
1child

图7-37

在提示词中输入通配符，在文生图中展开“Dynamic Prompts”可折叠面板，勾选“启用动态提示词”和“组合生成”复选框后，就能源源不断地生成相同风格的头像了，如图7-38所示。

图7-38

除了头像以外，网上还有很多制作表情包的Lora模型。我们仍然使用“AWPainting”大模型，输入基本提示词后添加一个名为“龙咚咚表情包”的Lora模型，其余参数全部采用默认值，然后生成图片，效果如图7-39所示。当前的图片比较粗糙，即使进行高清修复也不具备实用价值；由于生成机制的限制，提高图片尺寸也只能让更多角色挤在一张图片中，因此我们需要使用一些技巧进一步修复图片。

图7-39

单击按钮把生成结果和参数发送到图生图，在“涂鸦”选项卡中上传生成的图片。把“重绘尺寸”设置为1024×1024像素，“重绘幅度”设置为0.8，如图7-40所示。开启ControlNet，在“控制类型”选项组中单击“Lineart（线稿）”单选按钮，删除提示词中的Lora模型名称，然后生成图片，再重新绘制图片，效果如图7-41所示。

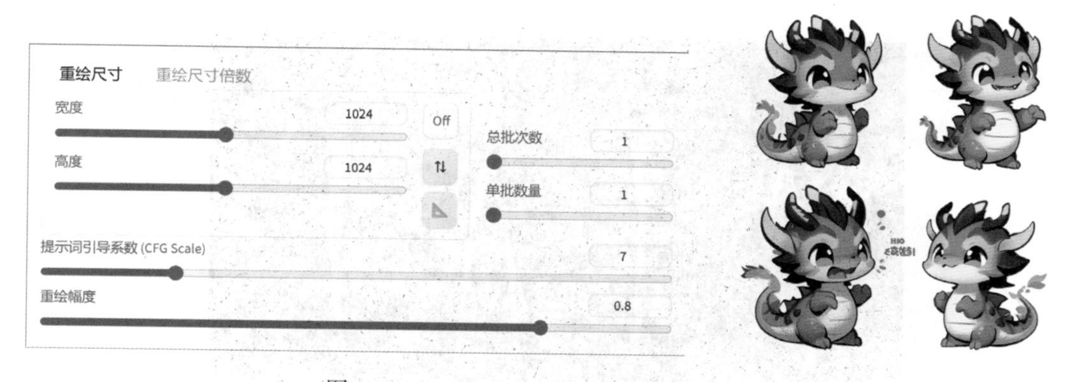

图7-40

图7-41

把生成结果发送到图生图，开启ControlNet，在“控制类型”中单击“Tile/Blur（分块/模糊）”单选按钮，在“预处理器”下拉菜单中选择“tile_colorfix”。开启“ControlNet单元1”，在“控制类型”中单击“Lineart（线稿）”单选按钮，并将“控制权重”设置为0.25，如图7-42所示。删除所有提示词，把“重绘幅度”设置为0.9，然后生成图片，就能得到干净、清晰的表情包图片，如图7-43所示。

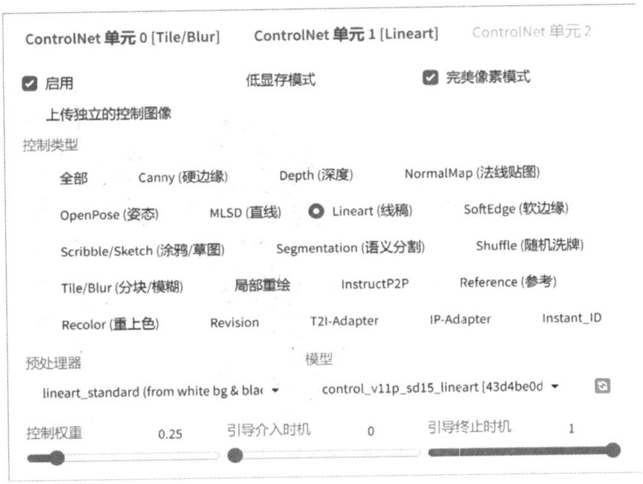

ControlNet 单元 0 [Tile/Blur]　ControlNet 单元 1 [Lineart]　ControlNet 单元 2

启用　低显存模式　完美像素模式

上传独立的控制图像

控制类型

全部　Canny (硬边缘)　Depth (深度)　NormalMap (法线贴图)

OpenPose (姿态)　MLSD (直线)　Lineart (线稿)　SoftEdge (软边缘)

Scribble/Sketch (涂鸦/草图)　Segmentation (语义分割)　Shuffle (随机洗牌)

Tile/Blur (分块/模糊)　局部重绘　InstructP2P　Reference (参考)

Recolor (重上色)　Revision　T2I-Adapter　IP-Adapter　Instant_ID

预处理器　lineart_standard (from white bg & blac

模型　control_v11p_sd15_lineart [43d4be0d

控制权重 0.25　引导介入时机 0　引导终止时机 1

图7-42

图7-43

设计IP角色时，若需要角色的三视图，早期的方法是首先生成不同角度的人物头部图片，然后用ControlNet的OpenPose骨骼图引导身体，最后用regional prompter插件进行分区绘制，如图7-44所示。然而，这种方法不但过程烦琐，而且出图效果不稳定，很难保证人物服装和饰品的一致性。

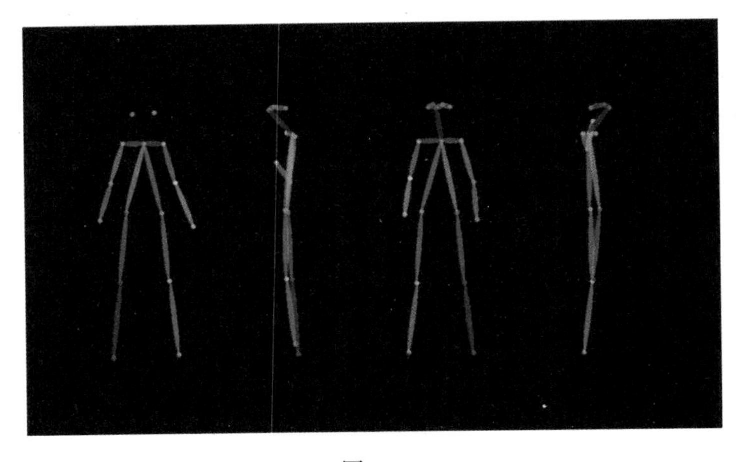

图7-44

现在，我们只需输入描述人物形象的提示词，然后添加专门用来生成三视图的Lora模型，例如此处使用的是“1.5简单三视图”，如图7-45所示。随后，把生成尺寸设置为

820×512像素，就能得到人物形象一致的三视图，如图7-46所示。最后，利用修复表情包图片的方法对三视图进行处理。

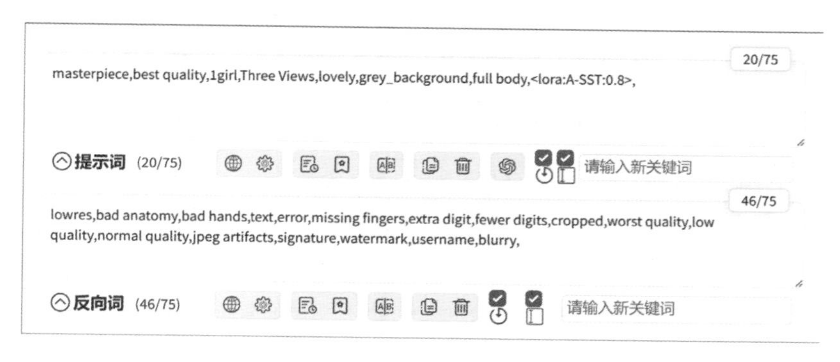

图7-45

图7-46

7.3 小说推文封面设计

AI绘画从诞生之日起就伴随着各种各样的话题和争议。无论人们从何种角度评判AI，其强大的图片生成能力和高效率已经远超越人类，却是不争的事实。在素材网站上，越来越多的AI生成的图片被加入素材库中；在小说网站上，新上架的小说封面已经悄然变成了AI生成的作品。在本节中，我们将制作多种风格的封面图片，读者可以参照实例中使用的大模型和提示词，快速生成类似风格的图片，节省自己摸索的时间。

目前，网络小说和有声小说的封面流行手绘风格。在这里，我们将使用兼容性、画面质量和良图率都非常高的二次元大模型“GhostXL”，来制作古代言情类的小说封面。描述多人场景并使用SDXL模型时，使用自然语言更容易让AI理解角色间的互动关系。载入基础反向提示词后，参照图7-47所示输入正向提示词。此外，输入触发词“realistic anime art style”可以让生成结果更偏向写实风格。

Stable Diffusion 模型　GhostXL_V1.0-Baked VAE.safetensors [ee1fdc86　外挂 VAE 模型　Automatic

文生图　图生图　后期处理　PNG 图片信息　Depth Library　无边图像浏览　Photopea

A boy and a girl are leaning against each other,Chinese clothes,long hair,blurry,portrait,　21/75

提示词 (21/75)　请输入新关键词

lowres,bad anatomy,bad hands,text,error,missing fingers,extra digit,fewer digits,cropped,worst quality,low quality,normal quality,jpeg artifacts,signature,watermark,username,blurry,　46/75

反向词 (46/75)　请输入新关键词

图7-47

将生成尺寸设置为768×1024像素，将“迭代步数”设置为30，然后多生成几张图片，如图7-48所示。我们期望的角色和动作已经清晰体现出来，并且图片的画质非常高，不需要进行高清修复和面部修复，已经达到直接用作封面图的水平。

图7-48

接下来，我们将调整提示词，增加背景模糊的权重，以免背景喧宾夺主。然后，我们会添加“古风王妃”Lora模型和触发词，以丰富图片中的细节，如图7-49所示。生成几张图片来测试Lora模型的权重值，然后就可以批量生成图片。

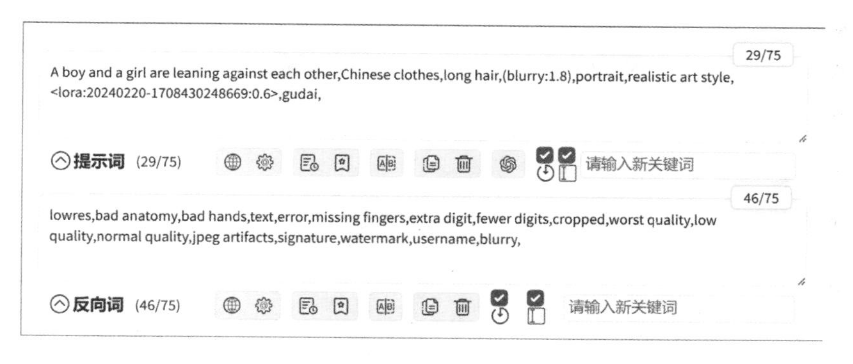

图7-49

在生成结果中挑选满意的图片，把提示词和图片发送到图生图中。考虑到大多数网站对小说封面的尺寸要求为600×800像素，因此没有必要放大图片。勾选“Refiner”复选框，在“模型”下拉菜单中选择“LEOSAM HelloWorld XL”，把“切换时机”设置为0.15，把“重绘幅度”设置为0.3。这样可以使用真实风格的模型来修复图片中的细节，如图7-50所示。

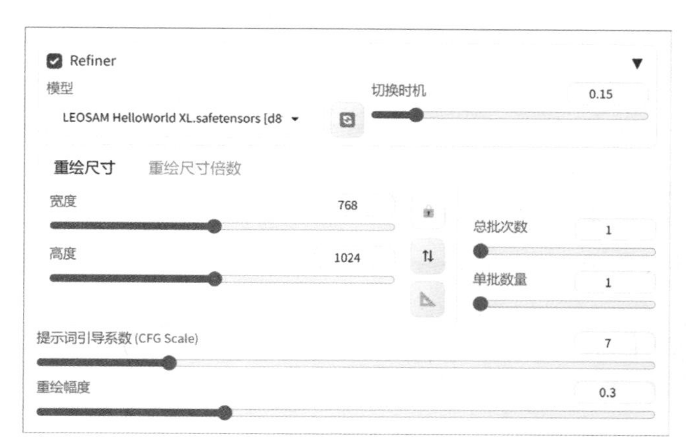

图7-50

如果图片的背景比较杂乱，可以用Photoshop打开图片，并执行“滤镜/Neural Filters”命令。在打开的窗口中开启“深度模糊”选项，取消勾选“焦点主体”复选框。接着，在角色脸上点一下添加焦点目标，然后调整“焦距”参数以将角色分离出来。继续调整“模糊强度”参数，增加背景的模糊程度，如图7-51所示。

图7-51

若使用SD1.5大模型，则可能需要多花一些时间来进行修复或者增加生成数量，然后挑选问题较少的图片。我们把大模型修改为“炫彩动漫v2.safetensors”，随后修改提示词的内容，把古代角色更换成现代角色，如图7-52所示。

图7-52

添加画质提示词和嵌入式模型，然后添加“小花海”Lora模型，把生成尺寸设置为512×680像素，然后生成图片，效果如图7-53所示。

得到满意的图片后开启ADetailer，在“高分辨率修复”可折叠面板中选择“4x-UltraSharp”放大算法，把“重绘幅度”设置为0.2，然后单击生成结果预览图下方的按钮。单击按钮把生成参数和生成结果发送到图生图中，开启ControlNet。在“控制类型”中单击“Tile/Blur（分块/模糊）”单选按钮，把“控制权重”设置为0.5，如图7-54所示。

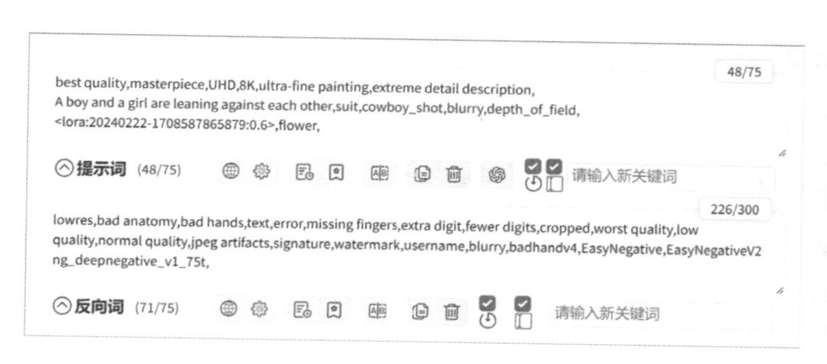

图7-53

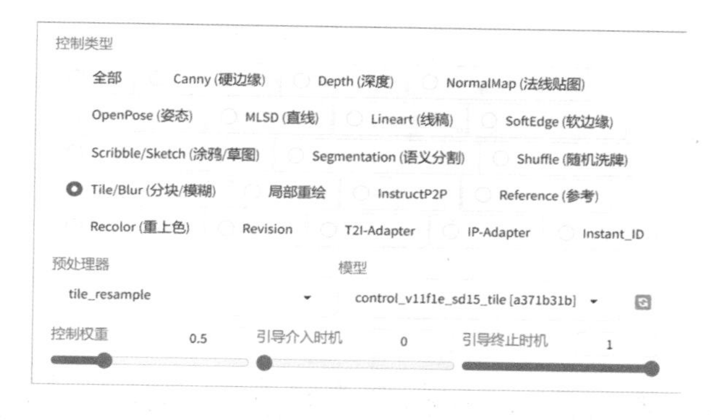

图7-54

勾选“Refiner”复选框，在“模型”下拉菜单中选择“Dream Girl.safetensors”，把“切换时机”设置为0.3，把“重绘幅度”设置为0.6，如图7-55所示。然后生成图片，结果如图7-56所示。

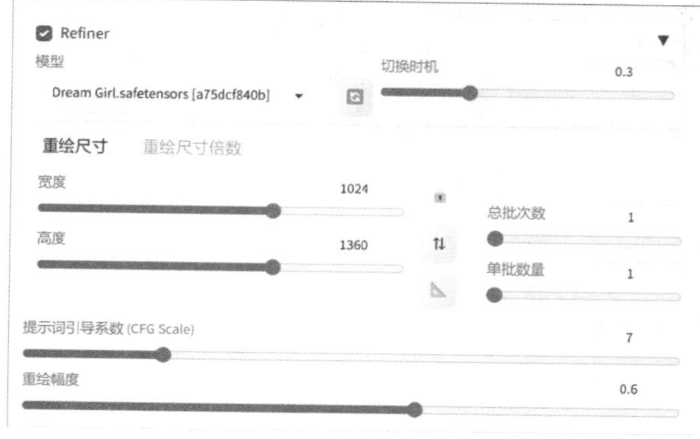

图7-55

图7-56

把大模型切换成“SC-Countryside2.5D-XL”。该大模型具有较浓厚的浮世绘风格，背景丰富、色彩饱满，适合生成儿童故事、温馨治愈类的插画或封面。根据需要输入描述画面内容的提示词，如图7-57所示。

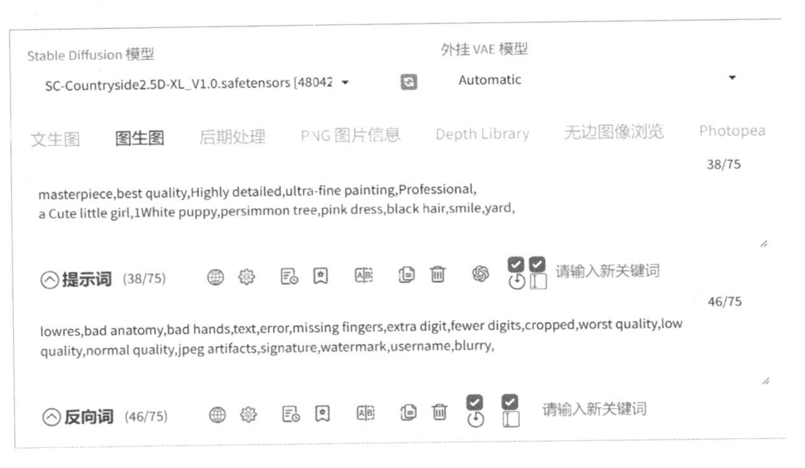

图7-57

把“迭代步数”设置为25。如果显卡允许的话，把生成尺寸设置为1024×1360像素，以直接绘制出插画和封面图片，如图7-58所示。

图7-58

我们也可以使用SD1.5版的大模型“revAnimated_v122”，然后添加“国风绘本插图画风加强”和“钢笔淡彩”Lora模型，如图7-59所示。

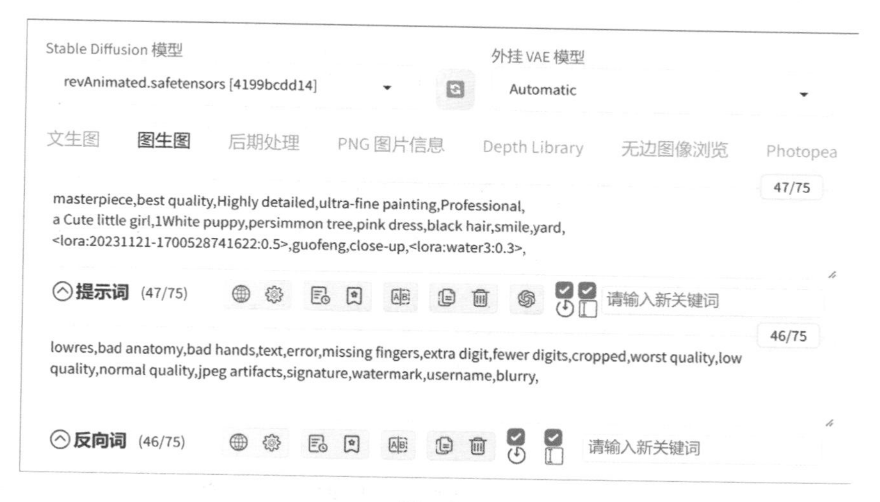

图7-59

把生成尺寸设置为600×800像素。生成满意的图片后，开启ControlNet，上传生成结果后选择“Tile/Blur（分块/模糊）”模型，并将“控制权重”参数设置为0.5。在“高分辨率修复”可折叠面板中把“放大倍数”参数设置为1.5，把“重绘幅度”参数设置为0.6，得到的效果如图7-60所示。

图7-60

需要生成惊悚、科幻类别的封面时，可以使用“LEOSAM HelloWorld XL”大模型，输入描述画面内容的提示词后，添加“阴暗恐怖SDXL”和“炫彩奇境-几何艺术”Lora模型以及触发词，如图7-61所示。

图7-61

我们还可以在“SDXL Styles”可折叠面板中单击“Horror（恐怖）”单选按钮，增加相关提示词。把生成尺寸设置为768×1024像素或1024×1360像素，然后生成图片，效果如图7-62所示。

图7-62

需要生成武侠、仙侠类别的封面时，可以使用“Dream Tech XL筑梦工业”大模型。输入描述画面内容的提示词，然后添加“国潮泼墨”和“墨染红尘-武侠修仙”Lora模型以及触发词，如图7-63所示。

图7-63

把生成尺寸设置为768×1024像素，然后生成图片，效果如图7-64所示。

图7-64

现在很多迭代过多个版本的大模型已经具有相当高的涵盖性和泛化性，特别是SDXL模型，它已经不像SD1.5那样只能生成一种画风。例如，现在使用的“Dream Tech XL 筑梦工业”大模型，我们先输入最简单的提示词生成一张半机器人的图片，如图7-65所示。

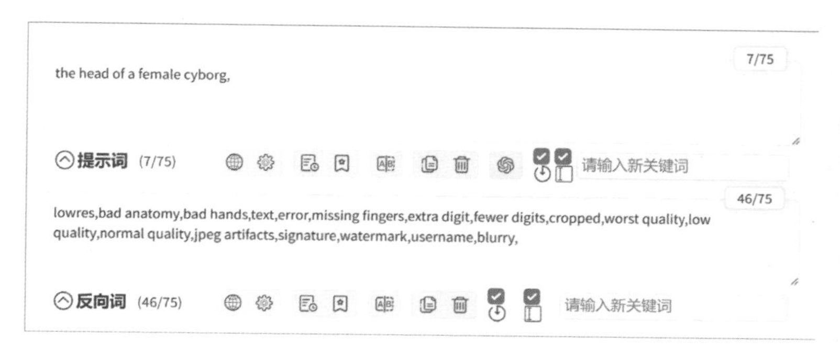

图7-65

在提示词里加入画风提示词，就能得到对应的画风效果，如图7-66所示。

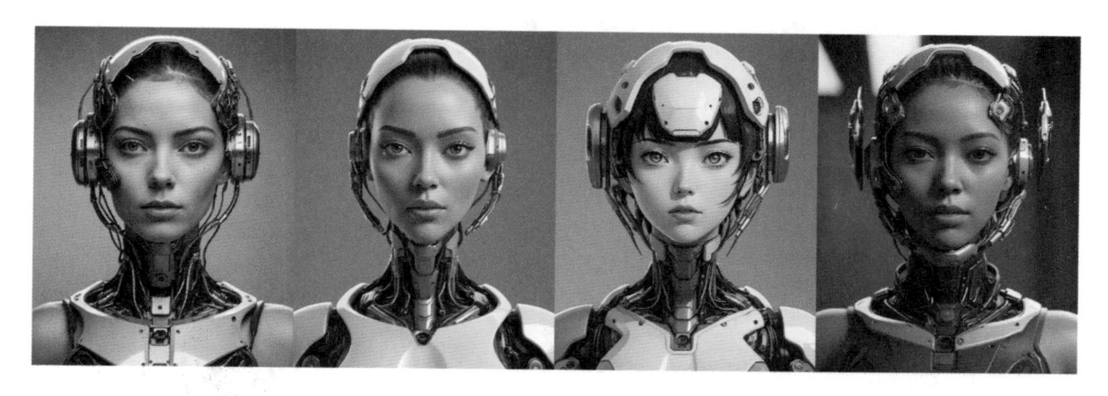

Photography, realistic　　anime,cartoon　　3D cartoon,3D render　　Unreal Engine 5 render

图7-66

接下来在SDXL Styles插件中选择风格提示词，不用添加Lora模型也能得到各种风格的图片，如图7-67所示。

Cinematic　　Dreamscape　　Neon Noir　　Fantasy Art

图7-67

7.4 制作写真和杂志封面

SDXL模型已经具备了一定程度的写真能力。虽然目前还达不到实用的程度，但是不会再像SD1.5模型那样只能生成无法辨识的抽象图形。当我们需要设计带文字的封面，又不太懂排版时，可以让Stable Diffusion设计好版式，然后在Photoshop里修改文字内容。

继续使用“Dream Tech XL筑梦工业”大模型，把生成尺寸设置为768×1024像素，把“迭代步数”设置为30，输入提示词，然后生成模特图片，如图7-68所示。

图7-68

确认服饰和姿势没有问题后，在提示词里加入“magazine cover,text:MAGAZINE”，就能得到杂志封面的版面设计，如图7-69所示。

图7-69

生成图片中人物的手部一直是一个令人头痛的问题，虽然SDXL模型的手部已经得到了很大改善，但是仍然达不到无须修改直接得到成品的程度。相对高效的解决方法有三种。第一种，也是最直接的方法，就是提高总批次数，然后挑一张手部问题最小或者在生成的图片中手部被遮住的图片。

第二种方法是下载一张模特照片作为参考图，然后开启ControlNet后上传照片，在“控制类型”中单击“OpenPose（姿态）”单选按钮，在“预处理器”下拉菜单中选择“dw_openpose_full”，在“模型”下拉菜单中选择“thibaud_xl_openpose_256lora”，然后单击“更偏向ControlNet”单选按钮，如图7-70所示。

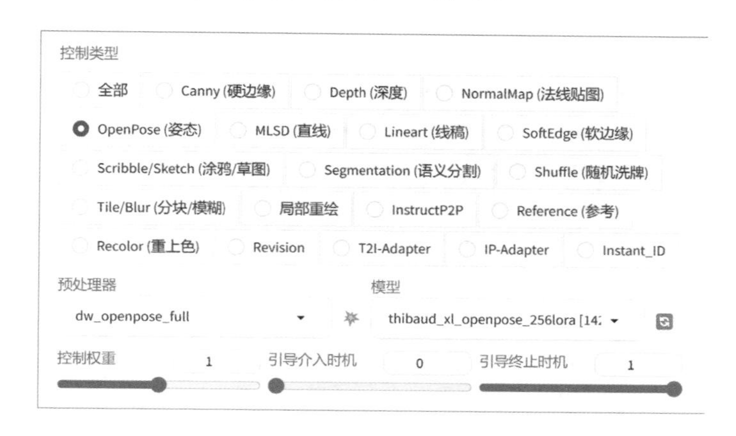

图7-70

单击✸按钮，然后单击预处理图片右下角的“编辑”按钮。选取所有骨骼后拖动边框四角的节点，调整骨骼的大小和位置，调整完成后，单击“发送姿势到ControlNet”按钮，如图7-71所示。

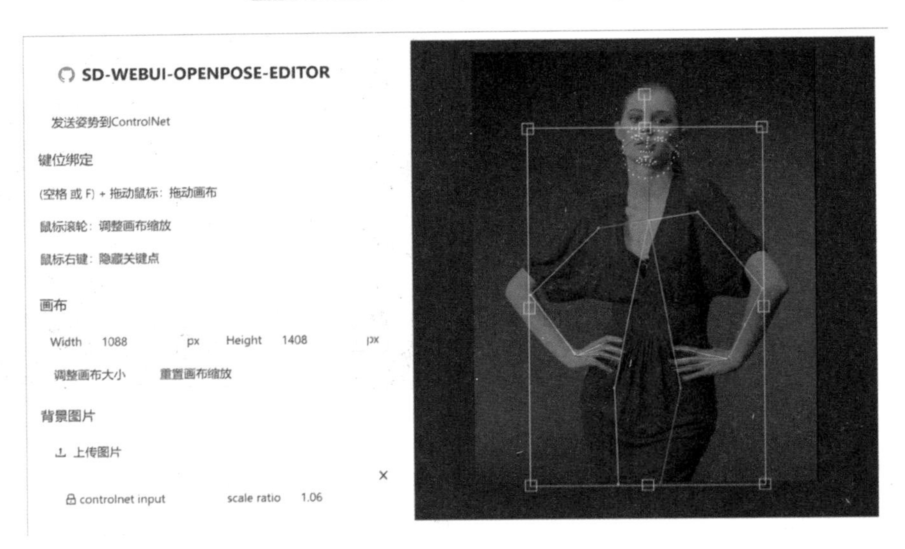

图7-71

现在生成图片，角色的位置和姿势都已经固定下来。如果手部仍然有问题，可以把生成结果发送到图生图的"局部重绘"选项卡中，接着用画笔涂抹手部的遮罩，然后开启ControlNet。在"控制类型"中单击"Depth（深度）"单选按钮，在"预处理器"下拉菜单中选择"depth_hand_refiner"，在"模型"下拉菜单中选择"diffusers_xl_depth_full"，如图7-72所示。

图7-72

把提示词修改成"hand"，在"重绘区域"中勾选"仅蒙版区域"单选按钮，把"仅蒙版区域下边缘预留像素"参数设置为64。然后，勾选"柔和重绘"复选框并把"重绘幅度"参数设置为0.7，如图7-73所示。接下来反复生成图片，直至得到满意的修复效果，如图7-74所示。

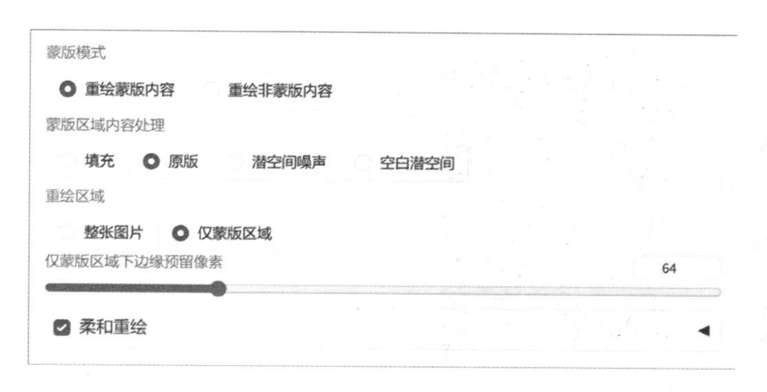

图7-73

图7-74

把修复后的图片发送到“后期处理”选项卡，使用“DATx2”算法把图片放大1倍。接下来用Photoshop打开图片，复制一个背景图层。激活“对象选择工具”，选中人物后在画布上右击，执行“选择反向”命令，然后按Delete键删除背景，如图7-75所示。

双击复制的图层打开“图层样式”窗口，勾选“投影”复选框，把“不透明度”参数设置为60%，把“距离”参数设置为80像素，把“扩展”参数设置为0%，把“大小”参数设置为100像素，如图7-76所示。

图7-75

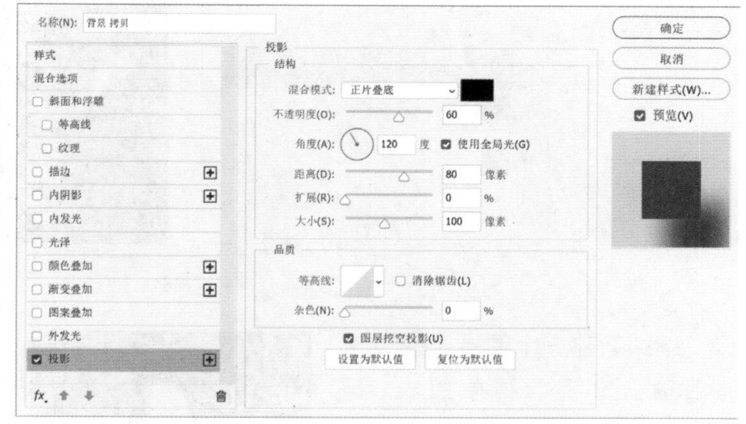

图7-76

选中背景图层后，新建一个图层。使用吸管工具吸取背景中较浅的颜色，单击↰按钮交换前景色和背景色，然后吸取背景中较深的颜色。在选项面板中激活径向渐变工具，在画布上参照图7-77的示例填充渐变色。

图7-77

选中渐变图层，新建图层。参照Stable Diffusion生成的文字大小、颜色和字体输入标题文字，如图7-78所示。

图7-78

继续新建一个图层，然后输入文字，结果如图7-79所示。

图7-79

7.5 电商产品展示图设计

AIGC发展至今，越来越多的用户，特别是规模庞大的电商从业人员，开始探索如何利用AI工具制作商业落地素材。尽管Stable Diffusion在一定程度上具备了换衣、换模特和生成商品特效图的能力，但距离准确还原商品的外观、颜色和质感仍有很长的路要走。就目前的发展程度而言，AI在电商领域的应用主要集中在辅助海报制作、商品背景生成和替换方面。

给商品更换背景有两种方式。第一种方式是先利用Stable Diffusion生成背景图片，然后使用Photoshop把背景图和商品图拼合到一起。通常的流程是先在模型网站挑选一个适合商品使用的展台背景类Lora模型，然后选择一个泛化性较强、真实感较大的模型，这里我们选择“revAnimated”。接下来，套用常用的画质提示词和反向提示词，如图7-80所示。

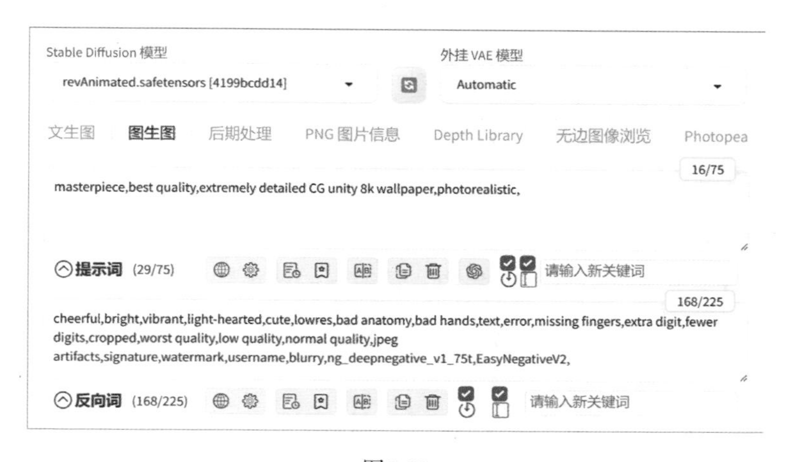

图7-80

继续输入描述画面内容的提示词，然后添加Lora模型的触发词，如图7-81所示。把生成尺寸设置为600×600像素，把“迭代步数”设置为30，然后生成图片。由于使用了专门炼制的Lora模型，因此生成图片的稳定性很高，效果如图7-82所示。

在“高分辨率修复”可折叠面板中，将“放大算法”设置为“4x-UltraSharp”，“高分迭代步数”设置为10，“重绘幅度”设置为0.5，然后单击生成结果下方的✨按钮放大并修复图片。把生成结果发送到“后期处理”选项卡，在“放大算法1”下拉菜单中选择“DATx2”，把“缩放比例”设置为2，然后再次放大图片，如图7-83所示。

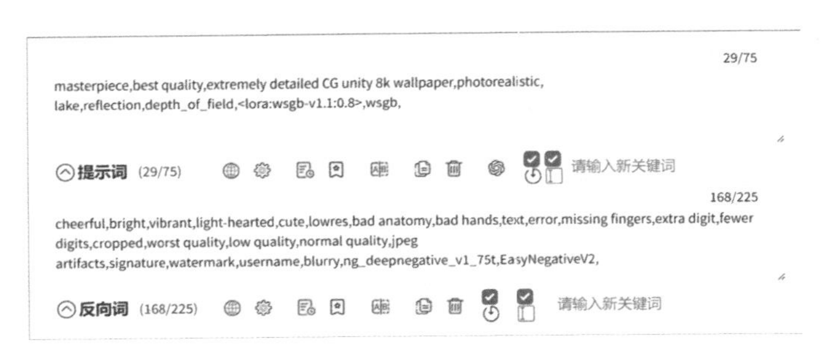

图7-81

图7-82

图7-83

用Photoshop打开生成的图片和商品图。使用对象选择工具选中商品后将其拖到背景图上，如图7-84所示。

执行“滤镜/Neural Filters”命令，在打开的窗口中开启“协调”选项。然后在下拉菜单中选择“背景”图层，以匹配商品和背景图层的颜色和亮度，如图7-85所示。

图7-84

图7-85

双击商品图层，打开“图层样式”窗口，勾选“投影”复选框，把“不透明度”参数设置为40%，把“距离”和“大小”参数设置为15像素，把“扩展”参数设置为0%，如图7-86所示，这样就完成了背景的更换。

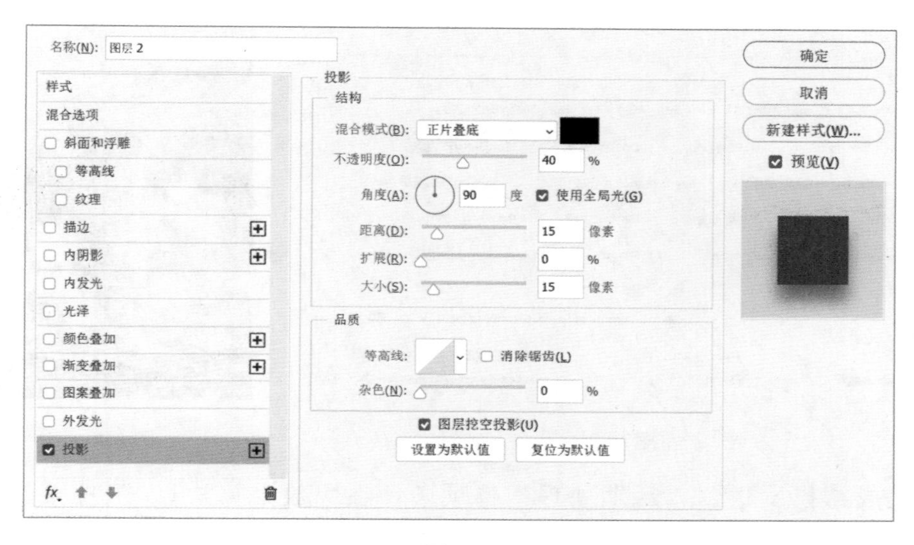

图7-86

第二种方式是利用ControlNet直接生成商品图片。先用Photoshop打开商品原图，按照商品主图需要的尺寸和长宽比进行裁剪，如图7-87所示。接着，在WebUI中选择风格大模型和Lora模型，然后输入正向提示词和反向提示词，如图7-88所示。

图7-87

图7-88

开启ControlNet，在“控制类型”中单击“Canny（硬边缘）”单选按钮，如图7-89所示。设置好生成尺寸后，将“迭代步数”设置为30，提高“总批次数”后生成图片。得到满意的图片后，单击✨按钮将其高清放大，效果如图7-90所示。

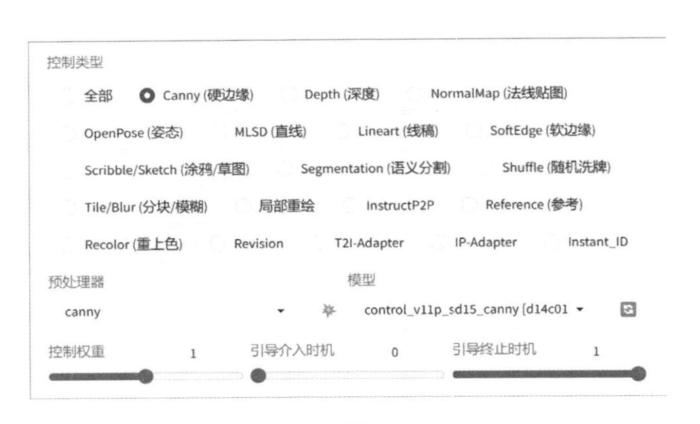

图7-89

图7-90

把生成结果发送到“后期处理”选项卡，在“放大算法1”下拉菜单中选择“DATx2”，把“缩放比例”设置为2，以放大图片，如图7-91所示。然后，用Photoshop打开生成结果，使用移除工具去除商品上的文字，如图7-92所示。

图7-91

图7-92

把商品原图拖到生成结果上，用对象选择工具删除商品原图的背景。把图层混合模式设置为“叠加”，把“不透明度”设置为70%。然后复制去除背景的图层，把图层混合模式设置为“滤色”，“不透明度”设置为50%，如图7-93所示，效果如图7-94所示。

图7-93

图7-94

再次复制图层，把图层混合模式设置为“强光”，“不透明度”设置为30%。继续复制图层，把图层混合模式设置为“颜色”，如图7-95所示，效果如图7-96所示。

图7-95

图7-96

执行“图层/拼合图像”命令，然后复制背景图层，用移除工具和模糊工具处理一下商品的边缘。接着，执行“滤镜/Camera Raw滤镜”命令，在“效果”可折叠面板中把“纹理”和“清晰度”参数设置为15，“晕影”参数设置为-15，“颗粒”参数设置为10，如图7-97所示。最后执行“图像/调整/阴影/高光”命令，在“阴影”选项组中把“数量”参数设置为10。这样就完成了商品图片的生成。

11113333333.png
编辑
Auto
B&W
配置文件
颜色
亮
颜色
效果
纹理
+15
清晰度
+15
去除薄雾
0
晕影
-15
颗粒
10
适应（43.1%）
100%
确定
取消

图7-97